镜待花开
莲与并蒂莲的微观世界
Nelumbo nucifera Gaertn.

洪亚平 ————— 著

中国农业出版社
北　京

图书在版编目（CIP）数据

镜待花开：莲与并蒂莲的微观世界 / 洪亚平著 .
北京：中国农业出版社，2024. 11. -- ISBN 978-7-109
-32478-7

Ⅰ . S682.32

中国国家版本馆 CIP 数据核字第 2024Y1S732 号

镜待花开　莲与并蒂莲的微观世界
JINGDAI HUAKAI LIAN YU BINGDILIAN DE WEIGUAN SHIJIE

中国农业出版社出版

地址：北京市朝阳区麦子店街18号楼

邮编：100125

责任编辑：国　圆

版式设计：刘亚宁　　责任校对：吴丽婷　　责任印制：王　宏

印刷：北京中科印刷有限公司

版次：2024年11月第1版

印次：2024年11月北京第1次印刷

发行：新华书店北京发行所

开本：787mm×1092mm　1/16

印张：11.5

字数：280千字

定价：88.00元

从植物进化的角度看，莲（*Nelumbo nucifera* Gaertn.，俗名荷花）是一种古老的植物，属于原始的被子植物，在中国有着悠久的栽培历史。在《中国植物志》中，莲被归入睡莲科（Nymphaeaceae）莲属（*Nelumbo*），与睡莲属（*Nymphaea*）的睡莲（*Nymphaea tetragona* Georgi）是同一科的不同属植物。但是，由于莲和睡莲的分类学性状差异较大，两者之间的亲缘关系相距较远，所以目前所使用的分类系统不再采用《中国植物志》的说法，将莲归入莲科（Nelumbonaceae）莲属，它与睡莲已不再是同科植物。

　　莲花是我国的十大传统名花之一，其花大而且美丽，除了具有观赏价值之外，还具有很高的文化价值。北宋文学家和哲学家周敦颐曾专门为莲写了《爱莲说》，盛赞其"出污泥而不染，濯清涟而不妖"的高尚品格。"花之君子"的莲花又是一种倍受尊崇的、圣洁的佛花，从古至今都受到人们的喜爱，并深入生活的方方面面。并蒂莲是莲花的一种花变异类型，因其成因不明，出现的概率低，具有来无踪和不可遗传的特性，因而难得一见，充满了神秘色彩，也让人们对这种罕见的莲花变异现象赋予了很多美好的寓意。

　　本书主要介绍解剖镜（少部分为显微镜）下的莲与并蒂莲的花解剖观察结果，不涉及花显微解剖的试验技术，对笔者所创立的花解剖新方法（胶块法，也称为洛阳方法）感兴趣的读者，可参阅《花的精细解剖和结构观察新方法及应用》和《镜待花开　奇妙的植物微观世界》两本专著。

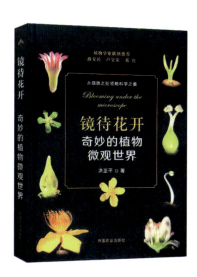

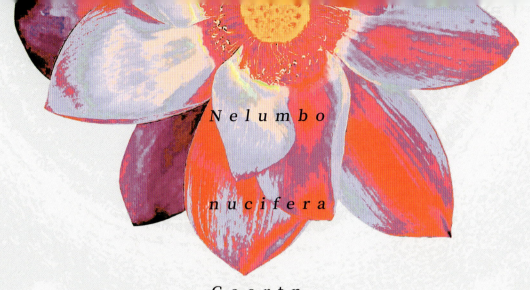

Nelumbo

nucifera

Gaertn.

第一章

莲花

对未成熟、未开放的花（花蕾）进行解剖，常常能观察到一些成熟花不易观察到的性状，故本章将莲花的解剖分为未成熟花的解剖和成熟花的解剖两部分进行叙述。

一、莲的未成熟花

　　莲的花蕾生长在一个挺出水面的花梗（或称"花柄"）上，花蕾的大小、形状和颜色等特征随发育时期和品种的不同而不同（图 1-1，图 1-2）。

　　莲的花蕾解剖材料绝大多数是在 2022 年和 2023 年 6 ~ 8 月采自河南省洛阳市某人工湖。

图 1-1　挺出水面的花蕾
花蕾呈长卵形或卵形，花蕾的侧面下方可见数片小而色绿的花被片，常被称为"萼片"。

图 1-2　放大的花蕾
花蕾下方小而色绿的花被片即萼片，其内层（即在其上方的节上着生）的大而色艳的花被片常被称为"花瓣"。

1. 花梗

　　莲的花梗很长，能使花蕾远离水面，花梗的表面生有一些倒生的小刺，花梗内生有一些纵向的通气道，通气道的内壁上生有一些长短不一的、由多细胞构成的刺毛，折断花梗后就像折断莲藕（根状茎）一样，能拉出莲丝来（图 1-3 至图 1-9）。

图 1-3　花蕾下方的花梗
花梗表面生有倒生的小刺。小刺较软，触摸时并不十分扎手。

图 1-4　花梗上放大的倒生小刺
倒生的小刺并不锐利、扎手，形态上似具有长喙的水鸟头部。

图 1-5　花梗的横切面
图中，花梗中除了有 7 个排列成一圈的、较粗大的通气道之外，还有一些较细的通气道。在通气道周围的薄壁组织中，散生着一些维管束，图中黑色虚线圈内有一个横切面约呈菱形的维管束。

图 1-6　花梗的横切片
通气道的内壁粗糙，在 7 个大的通气道内壁上还生有一些长短不一、由多细胞构成的刺毛。在通气道的周围散生着一些维管束，从形态上看，维管束的结构与常见的单子叶植物茎的维管束相似。

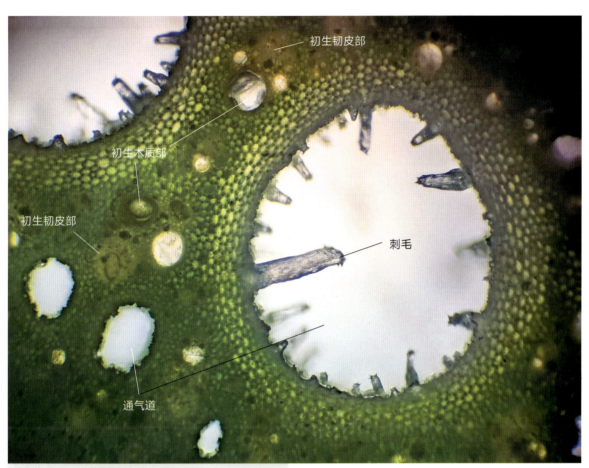

初生韧皮部

初生木质部

初生韧皮部

刺毛

通气道

图 1-7　花梗横切面的部分放大
显微镜下，通气道的内壁粗糙，刺毛的长短、粗细和形状不一。维管束的结构
与单子叶植物茎的维管束相似，初生韧皮部和初生木质部之间无形成层，为初
生结构。

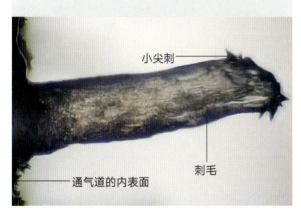

小尖刺

刺毛

通气道的内表面

图 1-8　图 1-7 最大刺毛的放大
刺毛的顶端或近顶端的位置生有多个尖锐的小尖刺。

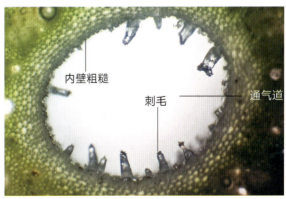

内壁粗糙

刺毛

通气道

图 1-9　另一个通气道的显微镜放大观察
通气道的内壁粗糙，刺毛在形态上具有多样性。

2. 花被片（萼片和花瓣）和乳汁

　　文献中一般都使用萼片和花瓣来描述莲的花被片。萼片是指花蕾最外层或再加上靠近最外层的几片小而色绿的花被片，它们是花原基发育时最先形成的几片花被片，一般认为它们在莲开花时已脱落，若按此说法开花时尚存的花被片都可称为花瓣。但是，由于莲的外层花被片（萼片）和内层花被片（花瓣）之间并无明显的分界线，即莲的花被片从外至内在大小、颜色、质地和结构上均以渐变的形式发生改变，这导致了莲的萼片数量在不同的文献中说法不一，常见的说法有萼片的数量为 4 ~ 5 片、2 ~ 5 片、2 ~ 6 片和 6 ~ 7 片等。《中国植物志》认为莲的萼片数量为 4 ~ 5 片，但是 *Flora of China* 则将莲的萼片与花瓣统称为花被片。

　　从花蕾的形态和解剖结果看，莲的花被片多数，外层的花被片（即萼片）较小、色浅，约为 4 个，相邻的花被片以渐变的形式逐渐过渡和发生变化，但是无论外层的花被片还是内层花被片，两者的顶端都有小凸尖（图 1-10 至图 1-36）。

　　在摘下花被片时，在其断面上会有白色的乳汁流出，这表明莲的花内有乳汁管存在（图 1-37）。乳汁管属于一种植物体内的分泌结构，也称"内分泌结构"，在莲的植物体内的其他器官中（如叶柄内）也有能产生乳汁的乳汁管（图 1-38）。

图 1-10　1 个花蕾的侧面观
外层花被片 1 和 2（萼片）着生在相邻节上，两者看似对生，实为互生，即萼片 1 先产生，着生在萼片 2 下方的节上，两者所成的角度（即开度）为 180°，这种排列方式类似于莲种子胚芽上的第 1 个和第 2 个幼叶的排列方式（见第三章）。

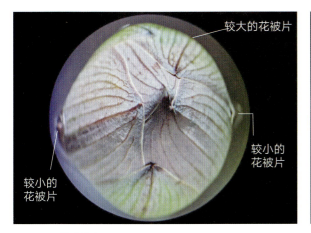

图 1-11　花蕾的上面观
莲的花被片以互生的形式着生在花托（的节）上，从花蕾的顶端看，莲的花被片呈螺旋状排列，但外层较小的花被片看起来更像对生状排列。

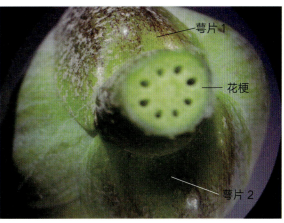

图 1-12　花蕾的下面观，示花蕾下方的 2 片花被片（萼片）
花托上的萼片 1 和萼片 2 看起来呈对生状，实为互生。

图 1-13　花蕾及萼片 1 下部的放大（外侧面观）
在花梗顶端的花托最下方，最外层的花被片（即萼片 1）的基部两侧各有 1 个附属物，为了描述方便，这里将其称为"萼耳"。

图 1-14　萼片 1 与萼片 2 交界处的放大
图中，萼片 1 和萼片 2 的基部边缘均有萼耳，但萼片 2 的萼耳较小。由于两者的基部不等大，着生的位置有高低之分，因此可认为萼片 1 和 2 未着生在同一节上，即为互生。

图 1-15　图 1-14 另一侧萼片交界处的放大
萼片 1 和 2 不但基部不等大，而且两者在花托上的着生位置也有高低之分（萼片 1 位于萼片 2 下方的节上，萼片 1 先发生），即两者在花托上为互生状着生，而非对生状着生。

图 1-16　图 1-15 不同角度的放大观察
从萼片 1 和 2 的交界处看，萼片 2 的边缘伸入萼片 1 的边缘之内，说明萼片 1 和萼片 2 看似对生，其实为互生关系。

图 1-17 另一个花蕾下部的侧面观
萼片 1 和 2 的边缘（包括萼耳处）均已从花托上脱落，并在花托上留下萼片痕（若将萼片称为花被片，则可将萼片痕改称为"花被片痕"）。从 2 个萼片痕的位置看，1 和 2 在花托上非对生状着生，而是互生状着生，但是由于萼片 1 和 2 间的节间极短，所以两者看起来似对生。

图 1-18 将 1 个花蕾的花被片剥下后，示花被片在花托上的着生痕迹
花被片（包括萼片和花瓣）、雄蕊和雌蕊，由下至上依次着生在花梗顶端的花托上（花原基也是依此顺序依次发育的），萼片 1 和萼片 2 的边缘看似合生在一起，实际上没有（图 1-19）。图中的花托，仅标出了花被片着生处的花托，未标出雄蕊和雌蕊着生处的花托。

图 1-19 图 1-18 中 2 个萼片痕交界处的放大
1 和 2 的萼片痕并没有合生在一起，两者之间有一个斜向的窄缝，该窄缝为萼片 1 和 2 着生处的、两个节之间的节间。由于该节间未充分生长，所以极短，这使得萼片 1 和 2 看起来像对生一样，好像是着生在同一个节上。

图 1-20　图 1-10 花蕾的花被片离析（外面观）

图中的编号是由外向内依次剥下花蕾各个花被片时的序号，由于花被片内凹，呈浅舟状，无法在二维平面内无损伤地展平，所以摘下的花被片大部分为自然摆放，花被片 11 为外折、受损后的形状。从形态上看，花蕾的花被片在大小、形状和色彩上均以渐变的形式发生改变，如果非要将莲的花被片分为萼片和花瓣的话，可将前 2 个花被片（1 和 2）或前 4 个花被片看作萼片，其余的花被片即为花瓣。

图 1-21 从另一个花蕾上依次剥下的 8 片花被片（自然放置，未压平，外面观）

图 1-22 图 1-21 8 片花被片的内面观（自然放置，未压平）
8 片花被片内面的色彩也呈现出渐变的特点。

这些花被片在大小、形状、色彩和质地上都呈现出渐变的特点，如果非要从中区分出萼片和花瓣来，可将前 2 片（或前 4 片）花被片称为萼片，其余内层的花被片称为花瓣。图中，后 4 片花被片上的墨迹为花解剖时的标记。

图 1-23 外层花被片（萼片）顶端的小凸尖

图 1-24 外层花被片小凸尖的侧面观
从形态上看，小凸尖是由外层花被片顶端凸出的中肋形成。

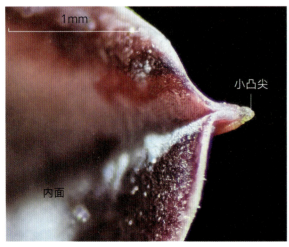

图 1-25 外层花被片顶端的近内面观
小凸尖是由花被片（萼片）顶端在中肋处向内对折、合生后形成。

图 1-26 图 1-25 小凸尖的不同角度观察（近内面观）

图1-27　从花蕾上掀开的1片内层花被片
该花被片生于花蕾的内层，颜色鲜艳，即通常所说的莲花的花瓣。

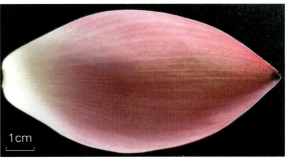

图1-28　从花蕾上摘下的1片花瓣（内面观）
该花瓣内凹，近浅舟状，无法在二维平面上展平，其在二维平面上的投影约呈椭圆形。花瓣的顶端较尖，基部稍宽，非粉红色，色白。

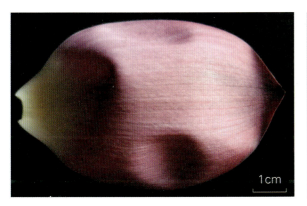

图1-29　图1-28花被片的外折展开（内面观）
大致展开的花被片约为长圆形（矩圆形），比自然摆放的、未展平的花被片要宽阔。

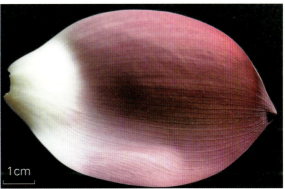

图1-30　图1-29花被片的外折展开（外面观）
花被片的颜色鲜艳，但基部色白，该花被片在二维平面上大致展开后较宽阔，约呈椭圆形。

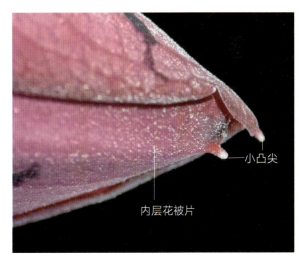

图1-31　除去花蕾的部分外层花被片后，示花蕾顶端部分内层花被片的小凸尖
在每个内层花被片（即花瓣）的近顶端位置都生有一个小凸尖。

图 1-32 1 片内层花被片的顶端（外面观）
在内层花被片（花瓣）的近顶端位置生有小凸尖，它与最外层花被片（萼片）上的小凸尖的着生位置不同。

图 1-33 图 1-32 小凸尖的暗视野观察
小凸尖未着生在内层花被片（花瓣）的顶端。

图 1-34 图 1-33 小凸尖的不同角度观察

图 1-35 内层花被片顶端的近侧面观，示小凸尖

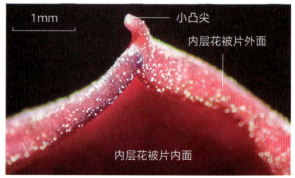

图 1-36 从花被片的近顶端位置观察小凸尖的形状

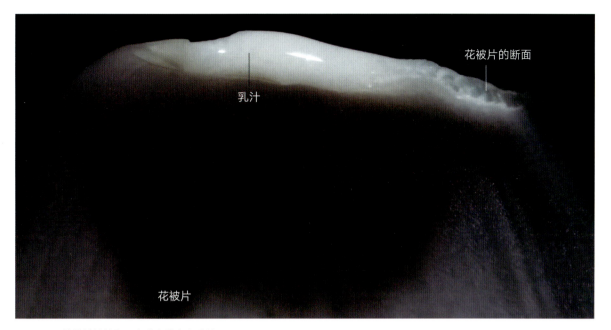

图 1-37 从花被片的断面上流出的白色乳汁
将花被片从花蕾的花托上摘下时，在花被片的断面上有白色乳汁流出，说明花被片内有乳汁管。乳汁管属于植物体内的一种内分泌结构。

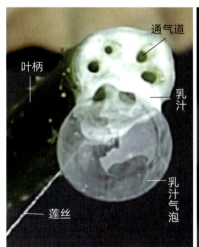

图 1-38 在折断的叶柄断面上不断涌出由白色乳汁形成的气泡（视频截图，摄于河南科技大学开元校区，2017 年 6 月 19 日，14∶02）
左图，将莲叶摘掉后，在数分钟之内会从叶柄的断面上不断地涌出 1 个个由白色的乳汁形成的气泡，该气泡色白、非无色透明（这里称"乳汁气泡"），在叶柄断面上也附着有白色的乳汁。右图，从左图断面上又涌出 1 个乳汁气泡，2 个气泡因通气道内涌出的气体对其不断地充气，因而体积变大，最后涨破。在数分钟之内，乳汁气泡一个接一个地、从叶柄断面的通气道处不断地涌出，并由小变大，最终涨破，气泡涨破后又重新产生……这不仅说明在莲的植物体内有内分泌结构——乳汁管存在，同时也说明在莲的通气道中有高压的气体存在，这些高压的气体被封闭在通气道中，当通气道被折断后，气体可在数分钟之内被逐步释放出来，直到内、外气压差消失。

3. 雄蕊

莲的雄蕊除了有正常的雄蕊之外（图 1-39 至图 1-73），还有一类花瓣状的变异雄蕊，即瓣化雄蕊（图 1-74 至图 1-83）。

（1）正常雄蕊

莲的雄蕊生于花被片着生处之上和莲蓬之下的花托上，其数量多（多数），相互分离（离生），称为"离生雄蕊"（图 1-39 至图 1-47）。植物的雄蕊一般是由花药和花丝两个部分组成，但是莲的雄蕊较为特殊，由花药、花丝和附属物三个部分组成，未成熟的花药有 4 个花粉囊，它们分布在药隔的两侧，每侧 2 个，未成熟的花粉粒在花粉囊内湿润时为球形，暴露在空气中干燥后呈椭球形，属于三沟型花粉粒，在花药的药隔、附属物和花丝内都有通气道和维管束分布（图 1-48 至图 1-73）。

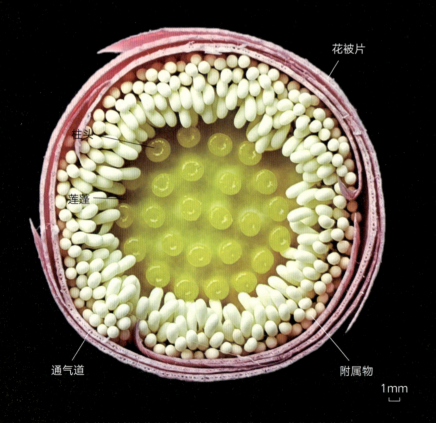

花被片

柱头

莲蓬

通气道

附属物

1mm

图 1-39　除去部分花被片并将花蕾上部的花被片部分剪去，示花蕾中的花蕊
每个雄蕊的花药上端有 1 个白色的棒状物，为雄蕊的附属物，花蕾中众多离生的雄蕊排列在由花托上部所形成的倒圆锥状结构——莲蓬的周围，文献中将此倒圆锥状的结构称为"花托"，这里未采用，原因见 P34。在莲蓬的上表面有 25 个彼此分离的雌蕊的柱头，这种雌蕊类型称为"离生雌蕊"。图中，花被片（此处已是花瓣）的横切面上有一些小孔洞，为花被片内的通气道。

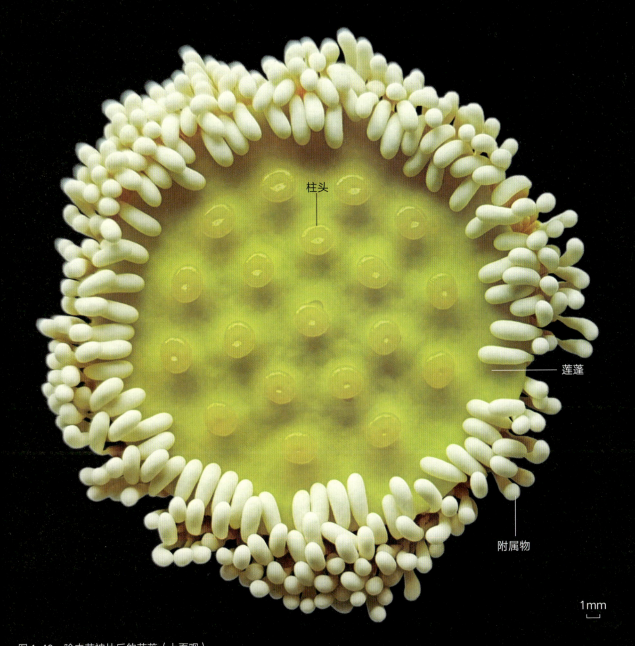

柱头

莲蓬

附属物

1mm

图 1-40 除去花被片后的花蕊（上面观）
紧贴莲蓬的内层雄蕊，其附属物搭在莲蓬上表面的边缘，莲蓬内的离生雌
蕊的心皮或雌蕊数在不同的莲花中可能不同，这里的离生雌蕊由 19 个离
生的心皮（或单雌蕊）组成。图中，离生雌蕊的柱头数等于离生雌蕊的心
皮数或雌蕊数。

柱头

附属物

花药

花丝

花被片残迹

花被片着生处的花托

花梗

1mm

图 1-41 除去花托上的花被片后，示花蕾的雄蕊
离生雄蕊着生在花被片着生处之上的花托上，每个雄蕊由花丝、花
药和附属物三个部分组成。

图 1-42　图 1-41 雄蕊的上部（外面观）
花药的外面（远轴面）有 4 个纵向凸出的花粉囊，花药为外向药，外向纵裂。花药的顶端是与药隔相连的附属物，附属物的基部缢缩、变细，并与纵向的药隔顶端相连。莲花雄蕊的附属物通常为白色，有些品种的附属物可能为其他颜色（如红色至紫色或黄色）。

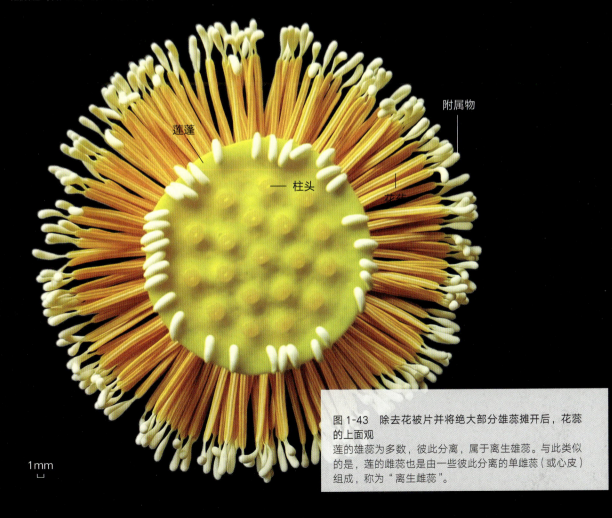

图 1-43　除去花被片并将绝大部分雄蕊摊开后，花蕊的上面观
莲的雄蕊为多数，彼此分离，属于离生雄蕊。与此类似的是，莲的雌蕊也是由一些彼此分离的单雌蕊（或心皮）组成，称为"离生雌蕊"。

附属物

莲蓬

花粉囊　药隔

图 1-44　图 1-43 部分雄蕊的放大（内面观）
花药的内面中央有一条纵向凸出的白色柱状结构，为花药的药隔，药隔两侧各有 1
个纵向分布的花粉囊，花药顶端的白色棒状物为附属物。

1mm

柱头 ———

附属物

莲蓬 ———

花药

花丝

图 1-45　将绝大部分雄蕊摊开后，花蕊的侧面观
莲蓬呈倒圆锥状，莲蓬周围的雄蕊多数、离生，花药顶端的附属物内弯。与莲蓬相贴的雄蕊，附属物与花药间的弯曲角度较大，使附属物能搭在莲蓬上表面的边缘。

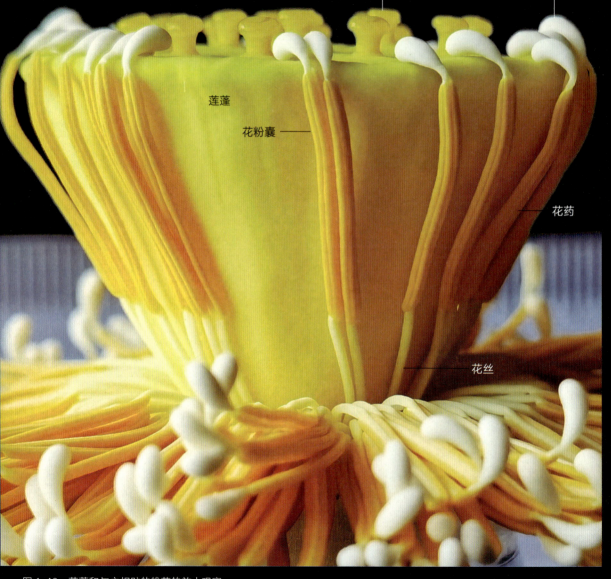

莲蓬

花粉囊 ————

花药

花丝

图 1-46　莲蓬和与之相贴的雄蕊的放大观察
与莲蓬相贴的雄蕊，其花药的上部依莲蓬的形状弯曲，附属物也依莲蓬的
形状弯曲并搭在莲蓬上表面的边缘。从雄蕊的外侧面观察时，虽然能看到
花药纵向分布的 4 个花粉囊，但是药隔不可见。

花梗

通气道

花被片残迹

花丝

附属物

花药

1mm

图 1-47　花蕊的下面观
雄蕊的数量多，彼此分离，属于离生雄蕊。

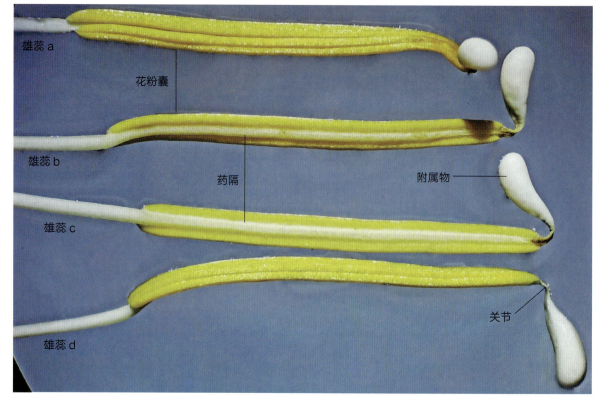

图 1-48　从花蕾上摘下的 4 个雄蕊

莲的花药是由 1 个药隔和 4 个花粉囊组成（药隔的两侧各有 2 个花粉囊），在花药的顶端和附属物的基部之间有细缩、可弯折的部位，这里称"关节"。其中，雄蕊 a 的花药为外面观，可见 4 个纵向的花粉囊。雄蕊 b 的花药为近内面观，可见花药的药隔纵向、凸出，其上下两端分别与花丝和附属物相连，在药隔的两侧各有 1 个纵向的花粉囊。雄蕊 c 的花药为内面观，可见纵向的药隔和药隔两侧各有 1 个纵向的花粉囊。雄蕊 d 的花药为侧面观，可见花药的药隔一侧有 2 个花粉囊。

图 1-49　从花蕊中分离出的一个雄蕊（侧面观）

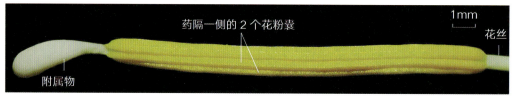

图 1-50　花药（外面观）和附属物的放大

在纵向药隔（图中未能显示）的两侧各有 2 个纵向凸起的花粉囊，即在花药的外表面可见 4 个纵向的花粉囊。

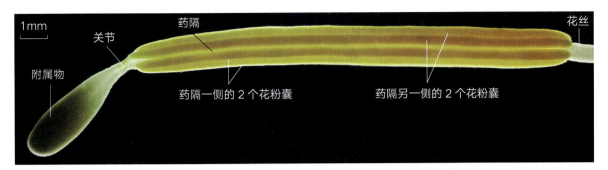

图 1-51 花药和附属物的暗视野观察（外面观）
药隔的两侧各有 2 个纵向的花粉囊（共 4 个），两侧花粉囊中间透明的中线即花药外面观
时的药隔，药隔的每一侧有内侧和外侧共 2 个花粉囊。

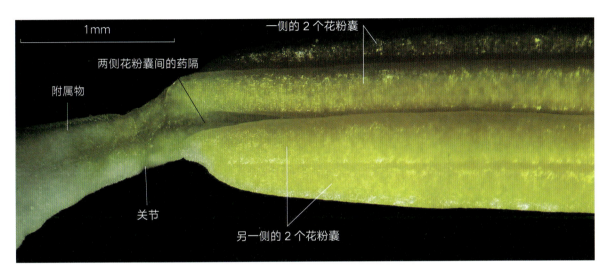

图 1-52 花药和附属物交界处的放大（外面观）
在花药的顶端，4 个花粉囊的界线和位于两侧花粉囊间的药隔都比较清楚。在花药顶端
和附属物基部之间有一个扁而细缩的交界部位，该部位可弯折并因此改变附属物与花药
之间的张开角度，故将其称为"关节"。

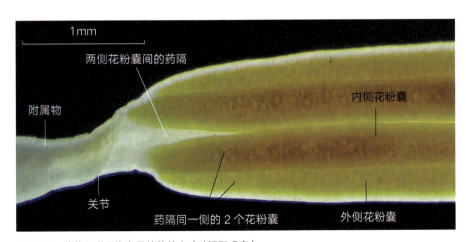

图 1-53 花药和附属物交界处的放大（暗视野观察）
药隔同一侧的 2 个花粉囊，一个位于内侧（内侧花粉囊），另一个位于外侧（外侧花粉囊）。在花
药成熟后，同一侧的 2 个花粉囊纵向开裂并形成 1 个药室，整个花药成熟后共形成 2 个药室。

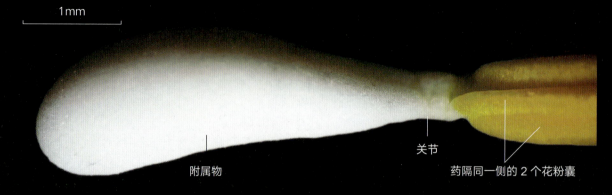

图 1-54 1 个附属物的放大（近侧面观）

图 1-55 另一个附属物的放大（暗视野观察，近侧面观）

不同雄蕊的附属物，形状可能会有一些差异。同样，同一个附属物的形状也会随着观察角度的不同而不同。

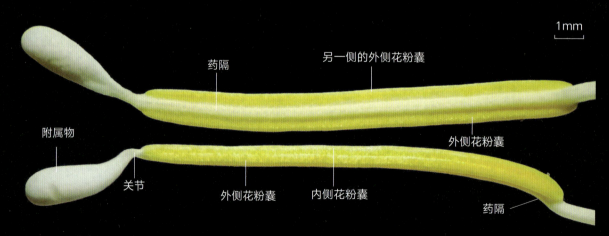

图 1-56 花药的内面和侧面观

图上方的花药为内面观，花药中央有 1 个色浅的纵向药隔，在其两侧各有 1 个外侧花粉囊。图下方的花药为侧面观，可见药隔同一侧的 2 个花粉囊，其中上方的花粉囊为内侧花粉囊，下方的花粉囊为外侧花粉囊，在外侧花粉囊的下方隐约可见部分药隔。

图 1-57 附属物及部分花药的内面观

图 1-58 附属物和部分花药的侧面观
通常，附属物向着莲蓬方向弯曲，但图中的附属物借助于关节弯
曲向着花药的外侧弯折。

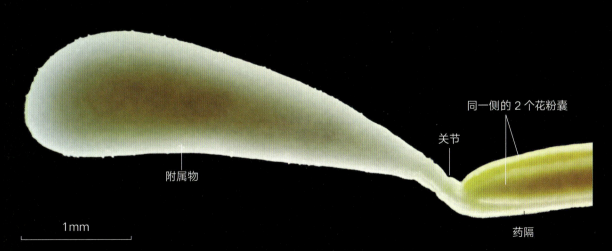

图 1-59 图 1-58 的暗视野观察
在同一侧的 2 个花粉囊下方（内侧面）可见部分药隔。

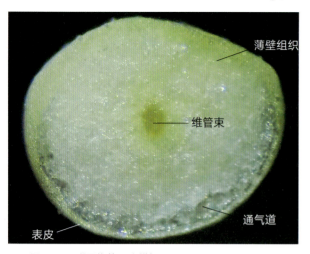

图 1-60　附属物的 1 个横切面
附属物由表皮、薄壁组织和维管束三部分组成，薄壁组织中的一些部位有较大的细胞间隙，这些细胞间隙组成了附属物中的通气道，因此附属物的薄壁组织属于通气组织。

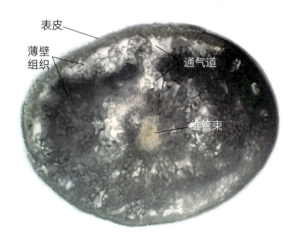

图 1-61　附属物的 1 个横切片
附属物的表皮细胞的外壁上具有乳突，薄壁组织（属于通气组织）中充满一些大小不一、形状不规则的通气道。

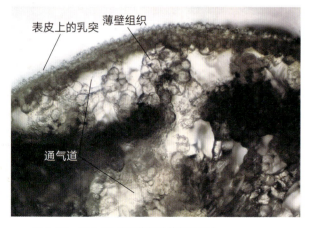

图 1-63　图 1-61 附属物切片的部分放大
表皮细胞的外壁上生有乳突，薄壁组织中的通气道形状不规则，图中颜色较深的区域为细胞分布较致密的区域。

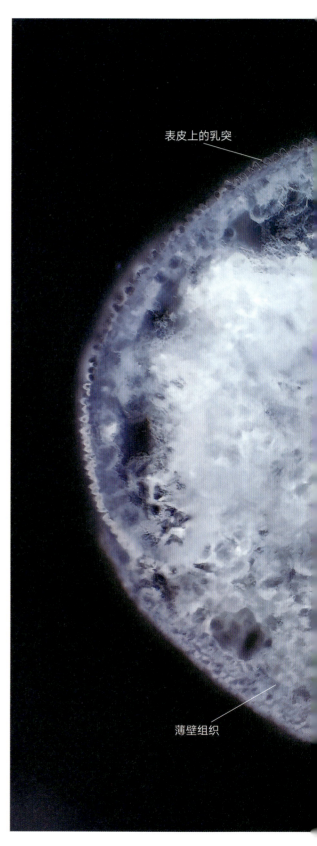

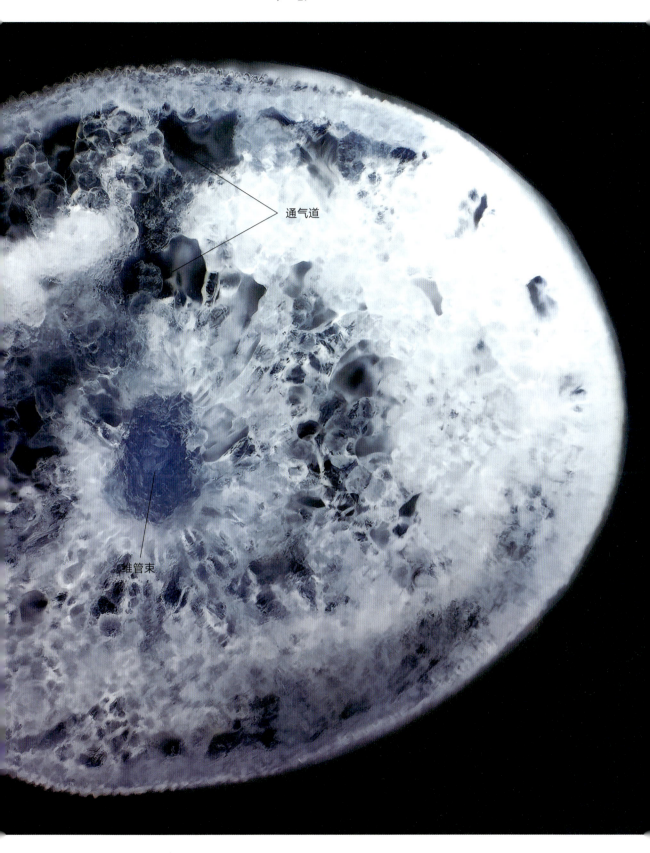

通气道

维管束

图 1-62　附属物横切片的光学信息解析处理
在颜色较深的区域中可见一些由形状不规则、较大的细胞间隙组成的通气道。

图 1-64　将花药前端的 1 个花粉囊剖开，示花粉囊内未成熟的花粉粒
花粉囊内未成熟的花粉粒在湿润时为球形，暴露出来干燥后，由于水分散失而成椭球形。

图 1-65　将花药前端的两侧花粉囊剖开，示花粉囊内的花粉粒
莲的花粉粒会因含水量的不同而有不同的形状，在花药未成熟、花粉囊未开裂时，或者花粉粒含水量较高时，花粉粒成球形，反之则为椭球形。

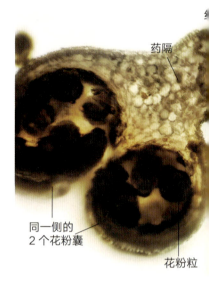

图 1-68　1 个未成熟花药的横切片
莲的花药由花粉囊和药隔两部分组成，药隔是将两侧的花粉囊连接起来的部分，在药隔的两侧各有 2 个花粉囊，药隔中有维管束。图中，花药已快成熟，同一侧的 2 个花粉囊在切片时裂开，成为 1 个药室（花药在成熟、开裂后共形成 2 个药室），花粉囊内充满了快成熟的花粉粒，这些花粉粒由于制片时被浸入水中，吸水后便成为球形而非干燥时的椭球形。

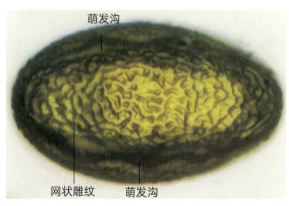

图 1-66　花粉粒的表面观（油镜油制片法，照片经过堆叠处理）
花粉粒呈椭球形，为三沟型花粉粒（此面仅可见 2 个萌发沟），其两端近相等（等极），花粉粒的表面不光滑，有网状雕纹。

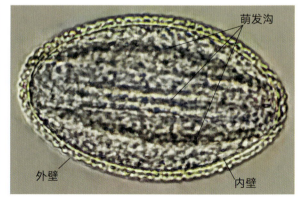

图 1-67　花粉粒的整体透明观察（油镜油法）
经过整体透明处理后，可见花粉粒有 3 个萌发沟（三沟型花粉粒），其外壁较厚，内壁较薄。

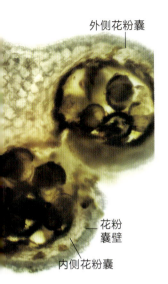

外侧花粉囊

花粉囊壁

内侧花粉囊

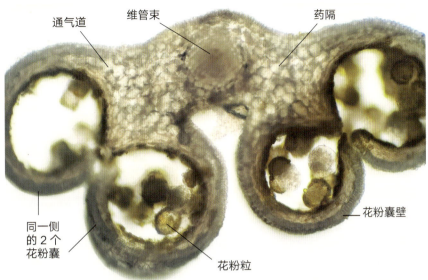

通气道

维管束

药隔

同一侧的2个花粉囊

花粉粒

花粉囊壁

图 1-69　花粉囊内只剩下少量花粉粒的花药横切片
药隔仅标出一点，未标出其所属的范围。药隔的薄壁组织中已出现了一些较大的细胞间隙，即通气道（在成熟的花药中更明显），因此药隔的薄壁组织也属于通气组织。图中花药的 4 个花粉囊在制片时开裂，部分花粉粒已散出，药隔右侧的内侧花粉囊的放大见下图。

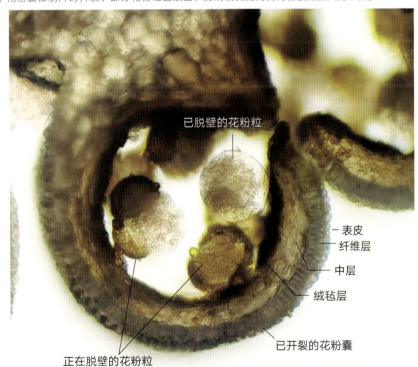

已脱壁的花粉粒

表皮

纤维层

中层

绒毡层

已开裂的花粉囊

正在脱壁的花粉粒

图 1-70　图 1-69 药隔右侧的内侧花粉囊的放大
花粉囊的壁由外至内分为四层：表皮、纤维层、中层和绒毡层。表皮层由 1 层细胞组成，细胞的体积较小。纤维层由 1 层细胞组成，在发育早期被称为"药室内壁"，当细胞的垂周壁和内切向壁上出现带状加厚（或称"条纹状加厚"）后，便将其称为"纤维层"。中层由多层细胞组成，细胞尚未被破坏和吸收。绒毡层由 1 层细胞组成，此时虽已被破坏，但尚未完全被吸收并消失。图中的花粉囊内有 1 个花粉粒已经脱去花粉壁（未进一步研究是仅脱去外壁，还是外壁与内壁均脱去，成为球形的原生质体），有 2 个花粉粒正在脱去花粉壁，其花粉壁已经破裂、张开。

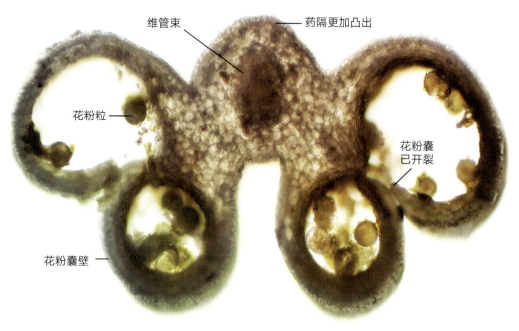

图 1-71　另一个不同花药的横切片
该花药在近轴面上的纵向柱状药隔更加凸出。图中的花粉囊是在切片时裂开，部分花粉粒已在制片时散出。

图 1-72　花丝的 1 个横切面
花丝的结构是由表皮、薄壁组织和维管束三部分组成，薄壁组织的最外 1 或 2 层细胞排列比较紧密、规整，在王其超和张行言两位老师的《中国荷花品种图志》（1989）专著中被称为"下皮"。图中，维管束的结构看起来是周韧维管束，其韧皮部在外，较厚，将木质部包围起来，木质部在横切面上所占的面积较小，即木质部没有韧皮部发达。

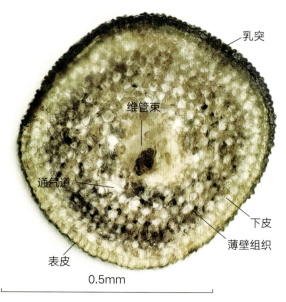

0.5mm

图 1-73　另一个花丝的横切片
花丝表皮的外壁上有乳突，花丝内的薄壁组织中有明显的通气道存在，所以莲的雄蕊（花丝、药隔和附属物）中的薄壁组织都属于通气组织。

（2）瓣化雄蕊

有时，在花蕾的花被片最内层可见少数花瓣状的雄蕊，即瓣化雄蕊，这类雄蕊的花丝及药隔整体呈花瓣状，其花粉囊生于瓣化雄蕊上端的瓣缘（图 1-74 至图 1-83）。

对于花被片数不是特别多的普通莲花，花蕾内瓣化雄蕊的数量一般无或较少，这里仅对瓣化雄蕊的形态和花粉囊的着生位置进行观察，未对花粉囊的结构、是否产生花粉粒和花粉粒的育性如何等进行研究。

图 1-74　1 个花蕾的花被片离析，示瓣化雄蕊
花被片 1 ~ 22 为外面观，花被片 23 和瓣化雄蕊 24 和 25 为内面观。2 个瓣化雄蕊与花蕾的内层花被片 23 的大小相似，它们要比其外层相邻的花被片窄小。

图 1-75　图 1-74 花被片 23 和 2 片瓣化雄蕊的放大（内面观，自然放置，未压平）
瓣化雄蕊的花丝及药隔整体呈花瓣状，花粉囊着生在瓣化雄蕊上端的瓣缘（由于花粉囊太小、不明显，每个瓣化雄蕊仅标出 1 个花粉囊的位置）。

图 1-76 瓣化雄蕊 24 压平后的形状（部分略去，内面观）
在将瓣化雄蕊压平的过程中，2 个花粉囊间及瓣化雄蕊的
顶端被压出数个裂隙。

图 1-77 瓣化雄蕊 24 上端的放大（内面观）
瓣化雄蕊靠近顶端的 2 个黄色花粉囊比较
明显。

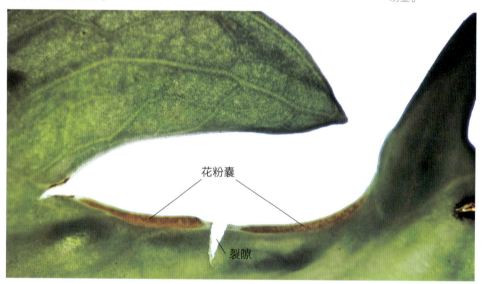

图 1-78 图 1-77 中 2 个花粉囊的透射光观察
花粉囊的颜色与瓣化雄蕊其他部位的颜色不同，两者易于区分。

图 1-79 图 1-78 瓣化雄蕊展平后的外面观
外面观时，花粉囊稍小，瓣化雄蕊两侧的裂片顶端均有小凸尖。

图 1-80　瓣化雄蕊 25 的内面观
花粉囊位于瓣化雄蕊的瓣缘，不明显。

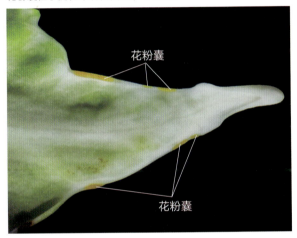

图 1-81　图 1-80 瓣化雄蕊上端的放大
在瓣化雄蕊靠近顶端的两侧边缘有 6 个大小不一的、黄色的花粉囊，其中 1 个较大，其余 5 个较小。

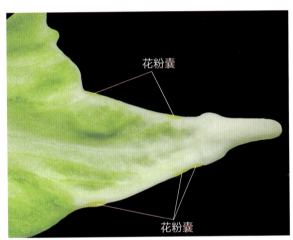

图 1-83　图 1-82 瓣化雄蕊上端的放大
仅有 5 个花粉囊可见，而且较小，仅左下方的 1 个花粉囊稍明显，其余不明显。

图 1-82　图 1-81 瓣化雄蕊的外面观
外面观时，花粉囊形态不明显。

4.花蕾的纵剖

将莲的花蕾纵剖，可见莲花是由花梗、花托、花被片、雄蕊和雌蕊等五个部分组成，若将花被片分为萼片和花瓣两部分，莲花则由六个部分组成（图1-84至图1-92）。在一些莲的专著里，莲的雄蕊和雌蕊被写成"雄蕊群"和"雌蕊群"，前者是指一朵花内所有雄蕊的总称，后者是指一朵花内所有雌蕊的总称。由于在大多数文献中并未采用"雄蕊群"和"雌蕊群"的概念，所以这里也未使用。

在莲的花托上，由下至上依次生长着花被片、雄蕊和雌蕊（图1-87至图1-91）。按照花托的位置及形状，可将其由下至上分为两部分：一是柱状的花托部分（即花托的下部），是花被片和雄蕊着生处的花托部分，整体约呈柱状。二是倒圆锥状的花托部分（即花托的上部），是雄蕊着生处上方的花托部分（莲的离生雌蕊就生长在这部分花托上部的一些凹穴内），这部分花托在果期时被称为"莲蓬"，在文献中常以"倒圆锥状花托"称之。为防止将此部分花托与整个花托的概念相混淆，在本书中将此部分花托称为"莲蓬"，这样就可以在花期和果期时使用同一个名称来表示这一部分花托。

若从位置和结构上看，似乎也可将莲蓬看作花盘，但考虑到使用习惯问题，这里未采用花盘的概念，见图1-192和图1-193及其莲蓬的解剖说明部分。

4mm

图1-84 将花蕾纵剖，示花蕾的结构
图中，仅标出花被片着生处的部分花托。

4mm

图1-85 将图1-84部分雄蕊除去后，示花蕾的结构
莲的花蕾由花梗、花托、花被片、雄蕊和雌蕊等五个部分组成，图中花梗顶端的花被片和雄蕊的着生之处以及莲蓬都属于花托部分。

图 1-86　图 1-85 的透射光观察
莲的雌蕊嵌生在莲蓬上部的凹穴内，仅柱头露出莲蓬的上表面。

图 1-87　花蕾的 1 个纵切片
花被片的着生处、雄蕊的着生处和雌蕊着生处所在的莲蓬都属于花托，在花梗和花托内都有通气道。

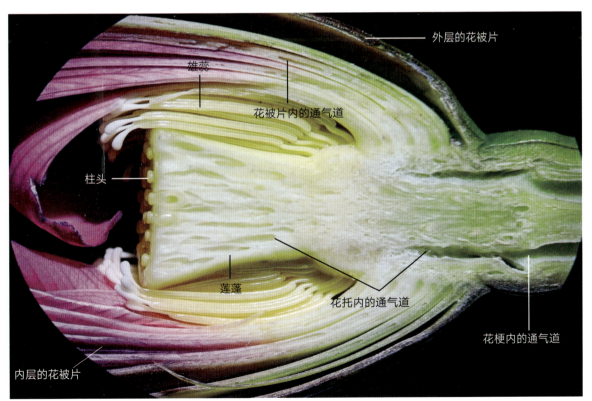

图 1-88　图 1-87 花蕾纵切片上部的放大
花梗和花托（包括莲蓬）都是非实心的结构，内有丰富的通气道，在花被片内也有通气道，
但是要比花梗和花托内的通气道细。

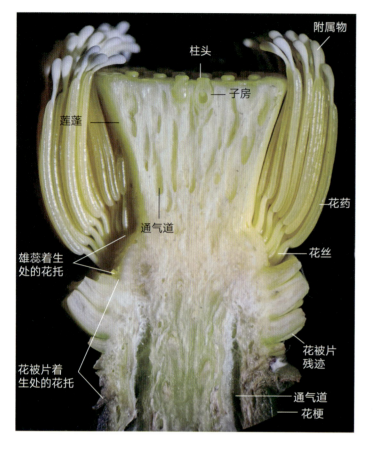

图 1-89 除去花被片后，花蕾纵切片上部的放大观察

雌蕊嵌生在雄蕊着生处上方的倒圆锥状花托（即莲蓬）内，仅柱头在莲蓬的上端露出。从图中观察，莲蓬非实心，其内部充满大小及形状不一的、纵向的通气道，这使得莲蓬轻而蓬松，文献中常以"海绵质"或"海绵状"来描述莲蓬的这种结构，但莲蓬的结构和通常所说的海绵状结构不同。

图 1-90 除去花被片后，花蕾纵切片的透射光观察

整个花蕾是由花梗、花托、花被片、雄蕊和雌蕊等五个部分组成，花托由花被片和雄蕊着生处的柱状花托和位于其上的倒圆锥状莲蓬组成，图中还可见花梗内粗大的通气道与花被片着生处的花托内粗大的通气道直接相连，但其粗度由下至上逐渐变细。

1mm

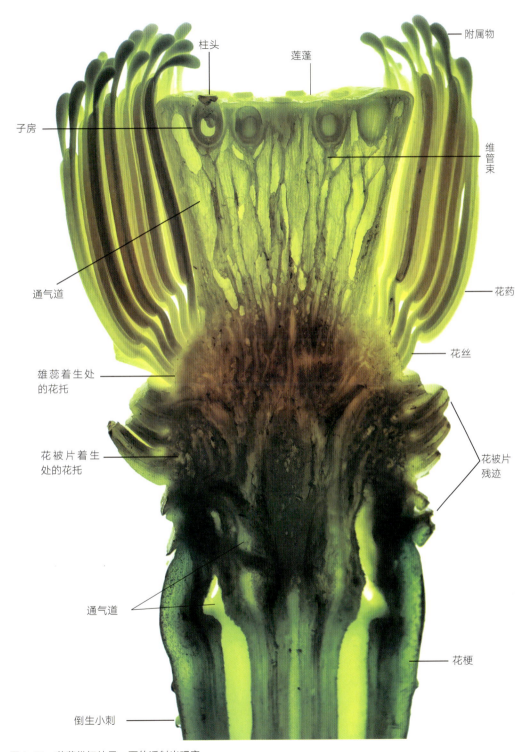

柱头
莲蓬
附属物
子房
维管束
通气道
花药
雄蕊着生处
的花托
花丝
花被片着生
处的花托
花被片
残迹
通气道
花梗
倒生小刺

图 1-91　花蕾纵切片另一面的透射光观察
花蕾纵切片在不同切面上的结构存在差异，可利用光学信息解析处理来观察花蕾纵切片的立体结构。

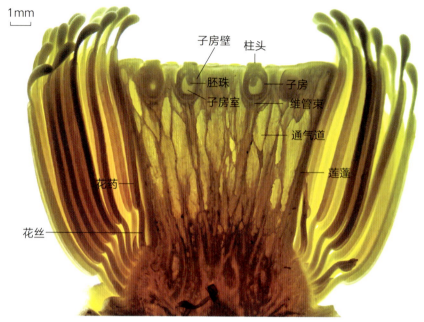

图 1-92　另一个花蕾纵切片上部的放大（透射光观察）
莲的离生雌蕊嵌生在莲蓬上部的凹穴内，莲蓬内纵向分布的维管束通过莲蓬凹穴基部和子房基部
子房柄内的维管束便可与雌蕊体内的维管束相连，为雌蕊的生长及发育输送营养物质。

5. 雌蕊

　　莲的雌蕊是由一些彼此分离、散生的雌蕊所组成，每 1 个雌蕊都是由 1 个心
皮组成的单雌蕊，这种雌蕊类型被称为"离生雌蕊"，有的书上称之为"离生单
雌蕊"或"离（生）心皮雌蕊"（图 1-93 至图 1-98）。

　　莲的每个雌蕊在形态上都是由柱头、花柱和子房三个部分组成，其子房嵌生
在莲蓬上部的凹穴中，而柱头及较短的花柱则在莲蓬的上表面上露出；莲的柱头
有凹穴，为湿柱头，柱头的凹穴通过花柱内的花柱道和子房壁内的子房沟与子房
室相连通，在此通道内及两端（柱头的表面和子房沟开口处）都生有腺毛状乳突，
在子房上部的外侧面上有 1 个近平顶的凸起，这里称其为"气室顶端"；子房上位，
1 室，顶生胎座，在子房室内生有 1 个倒生胚珠，珠孔位于内侧面的上端、靠近
珠柄处，胚珠有 2 层珠被；子房壁内有通气道，气室顶端内侧的通气道称为"气
室"，子房基部子房壁内的维管束通过子房柄内的维管束与莲蓬内的维管束相连
（图 1-99 至图 1-128）。

（1）雌蕊的组成和莲蓬的结构

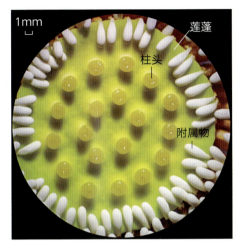

图 1-93　除去花被片后，莲蓬的上面观
在莲蓬的上表面，可见一些离生的雌蕊的柱头，每个柱头的下方均有 1 个很短的花柱和 1 个子房，即每个柱头代表 1 个单雌蕊（或心皮）。根据莲蓬表面的柱头数目便可获知离生雌蕊的单雌蕊数目和心皮数目，图中的离生雌蕊是由 19 个散生的单雌蕊（或心皮）组成。

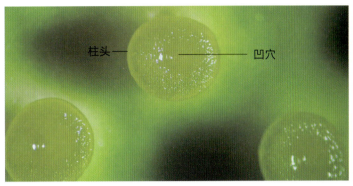

图 1-94　柱头的上面观
柱头的表面生有腺毛状乳突，不仅不光滑，而且表面看起来湿漉漉的，有黏液附着，这种柱头为湿柱头，在柱头的中央有凹穴。

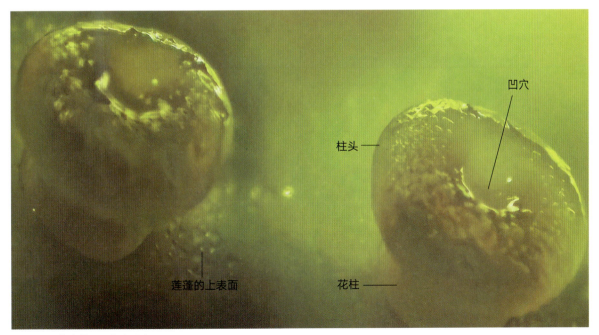

图 1-95　柱头的不同角度观察
柱头表面和凹穴内都有黏液。

图 1-96　将莲蓬上部挖去一部分，
示莲蓬的结构和雌蕊的着生情况

莲蓬内充满着大小和形状不一的、纵
向分布的通气道，离生雌蕊的 19 个
彼此分离的单雌蕊散生在莲蓬内。在
子房上部的外侧面上有 1 个平顶的
凸起，这里将其称为气室顶端（因未
见其有开口，所以未称其为"气室开
口"）。

图 1-97　图 1-96 莲蓬切片的透
射光观察

气室顶端内侧的子房壁中有较粗
大的通气道，称为"气室"，将 1
个气室顶端切去后，在其切面上
可见气室形成的黑色影子。图中，
左下方的子房壁部分受损，受损
的子房壁部位颜色较浅，和气室
不同。

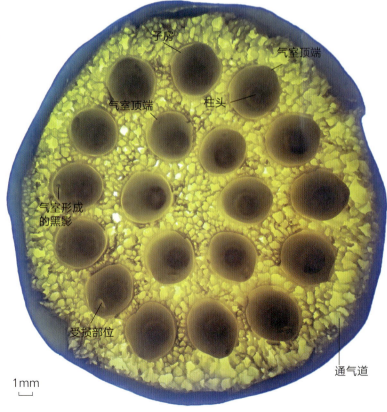

图 1-98　莲蓬内部分雌蕊的不同角度观察
在子房上部的外侧面上，由气室顶端形成的平顶凸起比较明显。

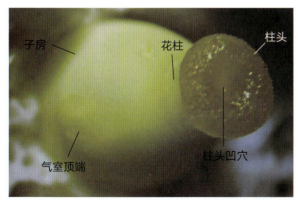

图 1-99　1 个雌蕊上部外侧面的观察
柱头的表面湿润，表面不光滑，花柱短。在子房上部的外侧面上，气室顶端的颜色与其周围的子房壁表面稍有不同，在气室顶端未见开口。

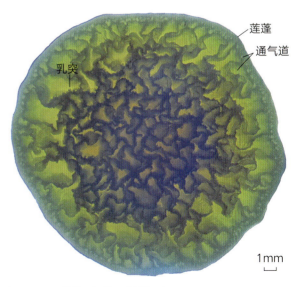

图 1-100　莲蓬下部的 1 个横切面
莲花的离生雌蕊只着生在莲蓬的上部，在此切面上无雌蕊着生。图中，莲蓬内充满了大小不一、形状不规则的纵向通气道，通气道的内壁有些粗糙，特别是靠内的通气道，通气道的内壁上生有明显的乳突。

（2）雌蕊的纵切片

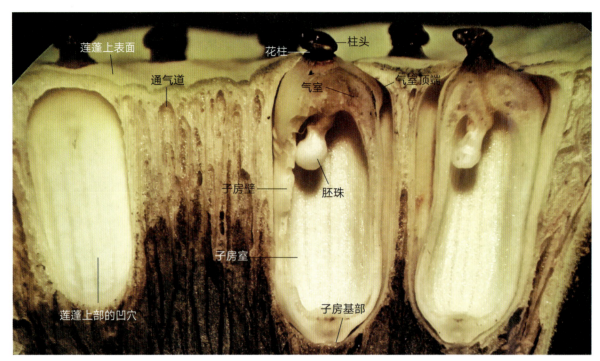

图 1-101　莲蓬凹穴中部分雌蕊的纵剖面
雌蕊通过子房基部的子房柄生长在莲蓬凹穴的基部。图中的莲蓬已放置数天，因内部组织褐化，使纵剖面上的不同结构反差增大。

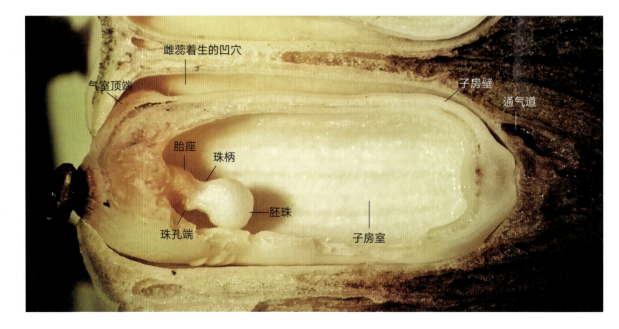

图 1-102　图 1-101 中 1 个雌蕊的放大
在子房室内生有 1 个顶生的倒生胚珠，其胎座为顶生胎座。

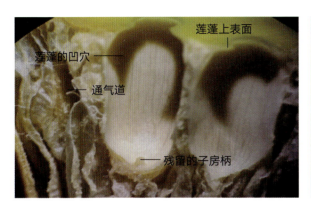

图 1-103　除去莲蓬凹穴中的雌蕊后，示莲蓬凹穴基部折断的子房柄

雌蕊通过子房基部的子房柄生长在莲蓬上部的凹穴中，当摘掉雌蕊时，子房柄折断，在莲蓬的凹穴基部可见到残留的子房柄。

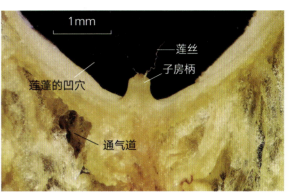

图 1-104　莲蓬的凹穴切片，示折断的子房柄

子房柄内有维管束，当子房柄和子房柄内的维管束折断后，可拉出莲丝来。

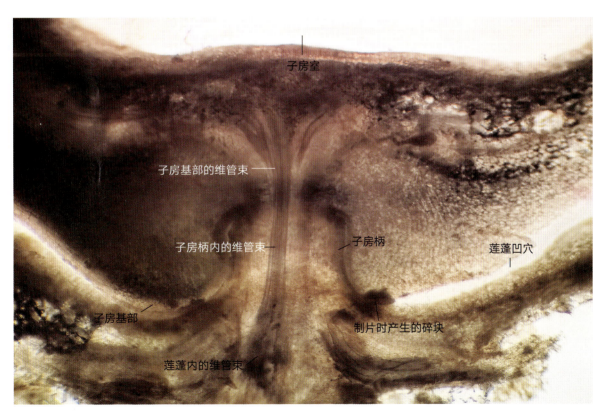

图 1-105　子房基部、子房柄和莲蓬的凹穴基部的 1 个纵切片

显微镜观察时，可在子房基部的凹穴中见到 1 个很短的子房柄，它与莲蓬的凹穴基部相连，同时可见子房（壁）基部的维管束通过子房柄内的维管束与莲蓬内的维管束相连。

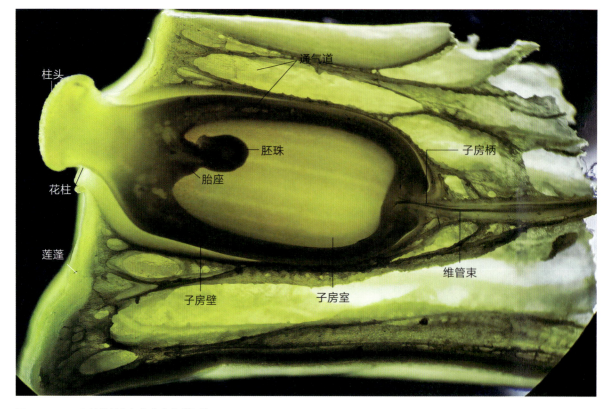

图 1-106 1 个单雌蕊和部分莲蓬的纵切片
子房基部凹穴中有很短的子房柄与莲蓬凹穴的基部相连，莲蓬内纵向分布的维管束经过莲蓬凹穴的基部和子房柄与子房壁中的维管束相连，在莲蓬和子房壁内均有通气道。

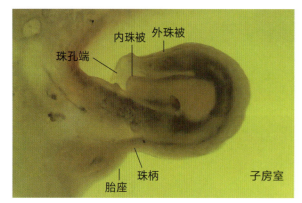

图 1-107 图 1-106 胚珠的放大
胚珠为倒生胚珠（顶生胎座），有 2 层珠被，其外珠被较厚，内珠被较薄。

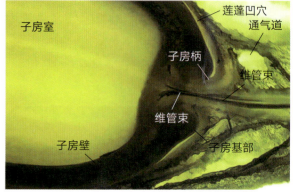

图 1-108 图 1-106 子房基部的放大
子房基部内凹，形成凹穴，凹穴中有很短的子房柄将子房基部与莲蓬的凹穴基部连接起来，莲蓬内纵向的维管束通过莲蓬凹穴的基部和子房柄与（子房基部的）子房壁内的维管束相连。

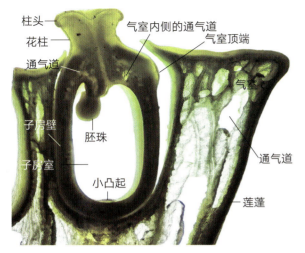

图 1-109　1 个更薄的雌蕊及部分莲蓬的纵切片
气室顶端位于子房的外侧面上，子房室的基部有 1 个小凸起，莲蓬内通气道的内表面粗糙。

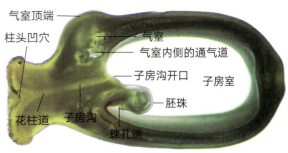

图 1-110　1 个雌蕊的纵切片
雌蕊的柱头内凹，形成柱头凹穴，此凹穴与花柱内的通道（花柱道）和子房壁内的通道（子房沟）以及子房室相连通。气室顶端的内侧，子房壁中有白色（因光照原因，这里非白色）的通气道，马炜梁老师在《中国植物精细解剖》中称果实上的这种结构为"气室"，本书从之，但是由于未观察到气室顶端有开口，所以未使用"气室开口"一词。当雌蕊长成果实后，气室依旧存在于由子房壁长成的果皮内（见第三章）。

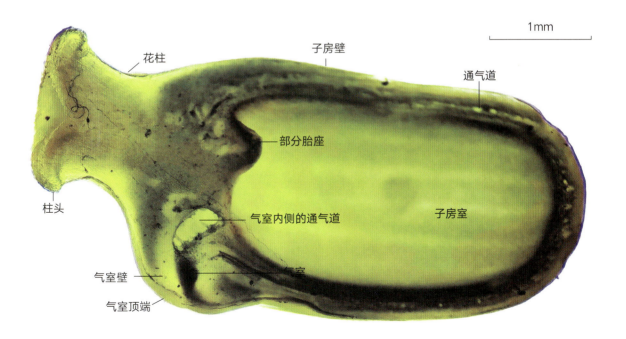

图 1-111　另一个雌蕊的纵切片
在气室顶端的内侧子房壁中有气室，因气室内堆积有白色晶状颗粒，故在图中呈黑色，气室内侧的通气道有较大的空腔。此外，子房壁中还有一些较细的通气道。

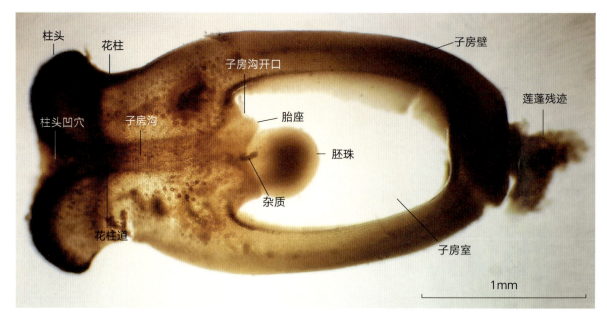

图 1-112　1 个更幼嫩雌蕊的纵切片

雌蕊由柱头、花柱和子房三个部分组成，幼嫩雌蕊的花柱极短，柱头凹穴与花柱内的花柱道以及子房壁内的子房沟相连，胚珠近球形，还很幼嫩。图中，胚珠上端的深色弯曲条纹为制片时产生的杂质。图中切片未切到气室顶端、气室和子房柄。

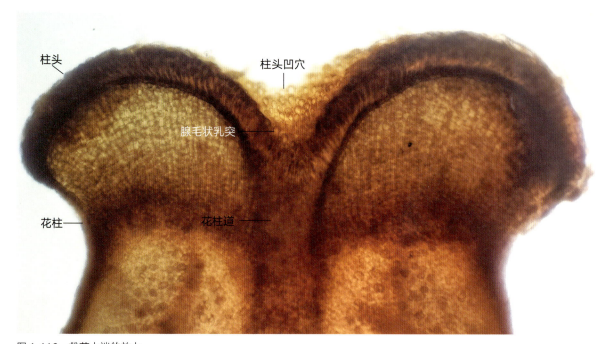

图 1-113　雌蕊上端的放大

在柱头表面密生腺毛状的柱状乳突，其头部膨大，在花柱道、子房沟内和子房沟在子房室内的开口处也都密生腺毛状乳突。

（3）子房的横切片

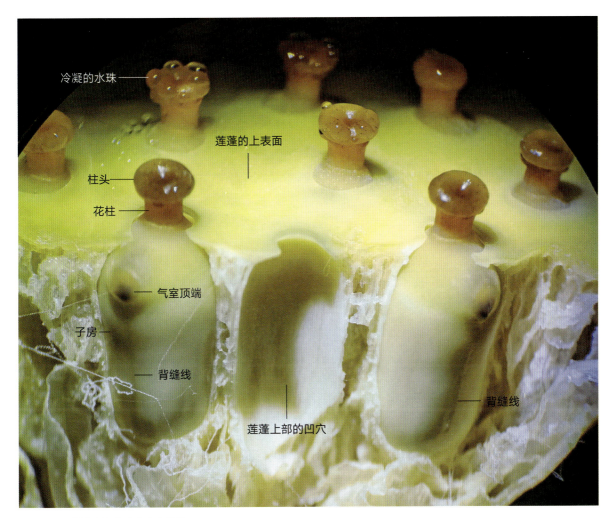

图 1-114 莲蓬上部嵌生的离生雌蕊
每个雌蕊的子房嵌入莲蓬上部的凹穴中，莲蓬凹穴的开口较小，雌蕊仅有少部分子房上端、花柱及柱头露出莲蓬之外。将莲蓬剖开，可见子房上部的外侧面上有 1 个平顶的凸起，即气室顶端。图中，气室顶端的部分区域有些褐化变黑，在其下方有 1 条隐约可见的黄黑色的纵线纹，从位置上看它可能位于子房壁表面的背缝线位置，这里以"背缝线"称之。

图 1-115 从莲蓬内摘下的 1 个雌蕊（外侧面观）
气室顶端下方可见 1 条黄黑色纵线纹，其可能位于子房壁表面的背缝线位置。图中，雌蕊的子房表面有部分部位受损，因而有一些凹陷。

图 1-116 图 1-115 雌蕊的侧面观

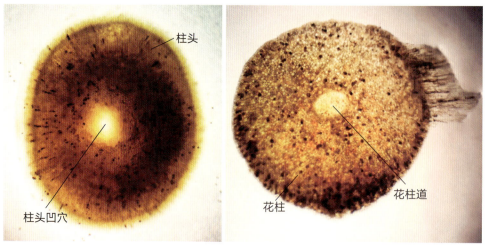

图 1-117　切下的柱头（上面观）和花柱的横切片
左图，柱头内有凹穴，该柱头凹穴近似倒圆锥状，其上部的开口较大，下部与花柱内的花柱道相连的开口较细，柱头表面密生腺毛状乳突。右图，在花柱的横切片中央有一个通道，即花柱道，花柱及花柱道很短，花柱道的上部与柱头凹穴相连，下部与子房壁内的子房沟相连。

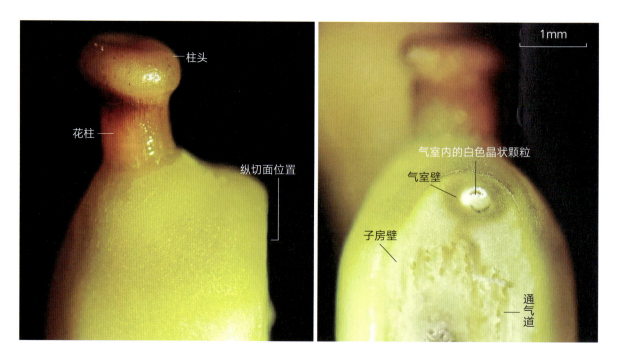

图 1-118　从子房的一侧纵切除去气室顶端，示气室内的白色晶状颗粒
左图，纵切除去气室顶端后，示雌蕊上部的形态。右图，切去气室顶端后，可见气室内有白色晶状颗粒（见第三章）。

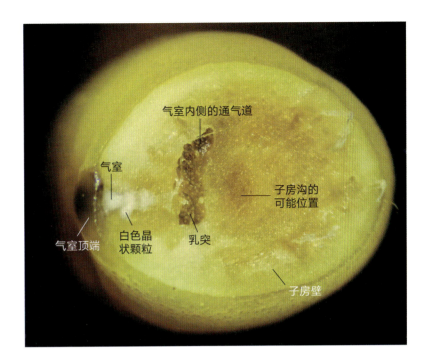

图 1-119　通过气室顶端对子房上部
进行横切，示子房上部的结构
气室顶端无开口，其内侧的气室内有
白色晶状颗粒堆积。气室的内侧下
方，有一个较宽大的、裂缝状的通
气道，在其内壁上有颗粒状的乳突结
构，无白色晶状颗粒的大量堆积。图
中，子房沟的位置不明显，仅为大致
位置。

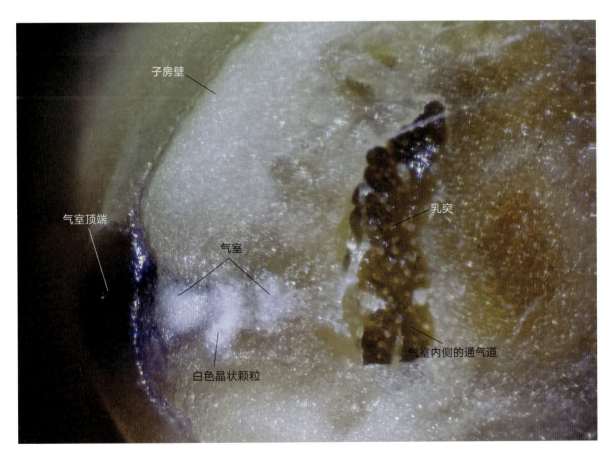

图 1-120　图 1-119 横切面的部分放大
气室内有白色晶状颗粒堆积，气室内侧的通气道有较宽大的裂缝状腔隙，其内壁上生有颗粒状的乳突结构，但无白
色晶状颗粒堆积，该通气道与子房壁内的其他通气道无本质上的区别。

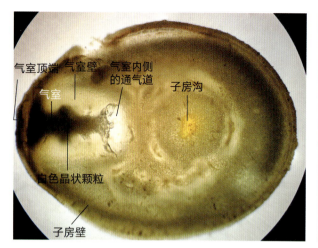

图 1-121 子房上部过气室顶端的 1 个横切片
气室顶端内侧的气室中有白色晶状颗粒堆积形成的阴影，这部分气室的壁颜色较浅，在气室内侧的子房壁中还可见到子房沟的横切面。

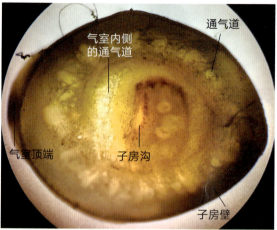

图 1-122 图 1-121 下方的 1 个子房横切片
切片中已看不到充满白色晶状颗粒的气室，只能看到气室周围的通气道。由于气室的形状是不规则的，所以气室的形状会随着切片位置的变化而发生变化。子房沟的粗细、大小和在横切面上的位置变化，也和子房横切面的位置变化有关。

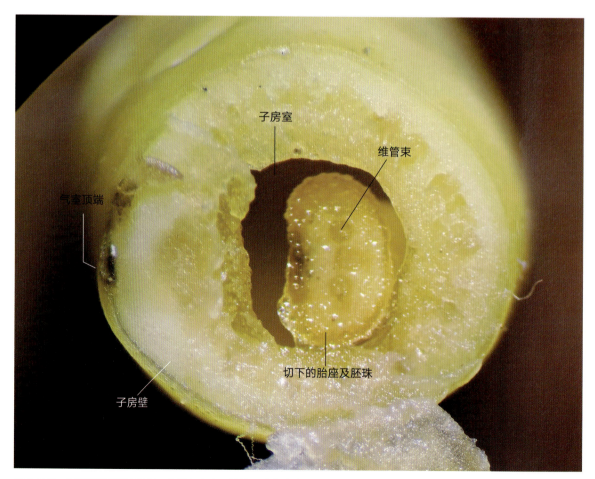

图 1-123 对子房继续进行横切，可将子房室顶端的胚珠从胎座处切下、分离出来
在此切面上子房壁已与胎座及其胎座下方的胚珠分离。

（4）胚珠的形态

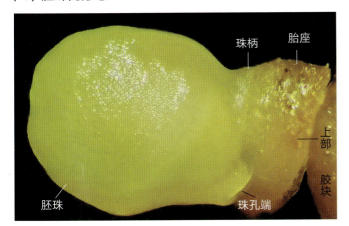

图 1-124　从子房室内切下的 1 个胚珠（近侧面观）
该胚珠为倒生胚珠，顶生胎座，珠孔端位于胚珠的内侧上方，靠近珠柄的位置。图中，胎座的下部已被切去。

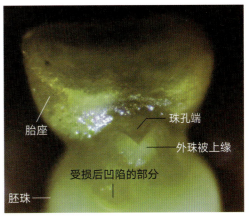

图 1-125　胚珠的珠孔端观察（近上面观）
胚珠的珠孔端由胚珠内侧上端的外珠被上缘（或者还有珠柄参与）围成，珠孔端内形成 1 个凹穴，其三角状的开口即珠孔。

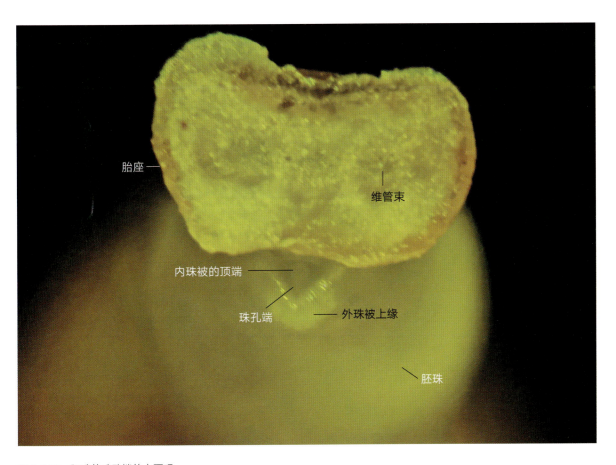

图 1-126　胚珠的珠孔端的上面观
在胚珠的珠孔端凹穴内隐约可见内珠被的顶端，即内珠被的珠孔端及其珠孔。

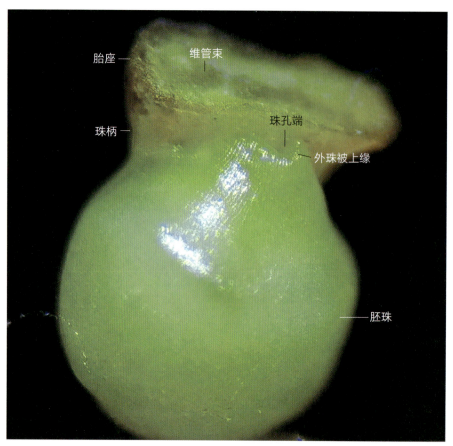

图 1-127　胚珠的不同角度观察（近内侧面观）
珠孔端开口（珠孔）的形状为近三角状。

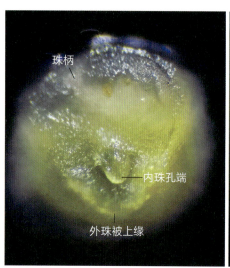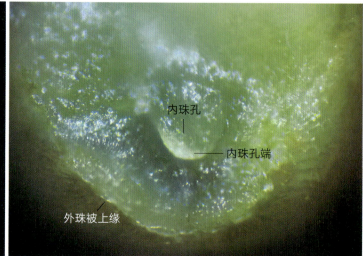

图 1-128　除去珠孔端上侧的残余胎座及部分珠柄后，示外珠被的珠孔内的结构（上面观）
左图，在外珠被上缘围成的珠孔内可见内珠被的顶端，即内珠被的珠孔端，这里称为"内珠孔端"。右图是
左图外珠被的珠孔内放大图像。在外珠被的珠孔内除了可见内珠被顶端之外，还隐约可见内珠被顶端开口形
成的凹陷，即内珠被的珠孔，这里称为"内珠孔"。

二、莲的成熟花

　　莲花一般为两性花，但是根据《中国荷花品种图志》（王其超和张行言，1989）记载，有的品种可能为单性花（如红台莲品种，其雌蕊瓣化、不结实，非瓣化的雄蕊少数，为雄花）或中性花（如千瓣莲，其雌、雄蕊均瓣化，无莲蓬，为不育花；如千瓣莲的瓣化雄蕊可育，则其为雄花，非中性花）。莲花的花梗很长，能使莲花挺出水面，通常在莲花的花梗顶端只生出 1 朵花；花被片多数（也可将其大致分为萼片和花瓣两类），开花时，最外层的花被片一般已脱落（莲的开花过程，就是一个花被片由外向内不断脱落的过程）；离生雄蕊由很多彼此分离的雄蕊组成，每个雄蕊由花丝、花药和附属物三个部分组成；花托可分为两个部分，花被片和雄蕊着生处的花托（约呈柱状）和雄蕊着生处之上的花托（约呈倒圆锥状，本书称之为"莲蓬"）；离生雌蕊由一些彼此分离的单雌蕊（心皮）组成，每个单雌蕊都分化出柱头、花柱和子房三个部分，其中子房嵌生在莲蓬上部的凹穴中，而较短的花柱及其顶端的柱头则在莲蓬的上表面上露出；子房上部的外侧面上有 1 个近平顶的凸起（气室顶端），其内侧的通气道即为气室，气室顶端无开口，气室内有白色晶状颗粒堆积；子房壁内的维管束通过子房基部凹穴内的子房柄内的维管束与莲蓬内纵向分布的维管束相连；子房室内的顶端生有 1 个倒生胚珠，它有内、外两层珠被，胎座为顶生胎座。

1. 莲的开花习性

（1）花期特点

　　莲花在发育成熟后，花被片张开，雌、雄蕊及莲蓬露出，此即开花的过程。莲花的开花过程，其实也是一种花被片由外至内逐渐脱落的过程，花被片完全脱落后，即形态上的花期结束。据观察，单个莲花的花期约为 3 ~ 4 天，一般是在上午开花，在近中午时绝大多数莲花闭合如松散的花蕾状，其主要过程如下：

　　[开花第 1 天] 花被片排列松散，在花蕾的顶端出现一个或大或小的开口，或者花蕾呈半开状（图 1-129 至图 1-131），花的下方常有干枯、未脱落的外层花被片（萼片）或外层花被片已有脱落。

　　[开花第 2 天] 花被片张开，雌、雄蕊和莲蓬完全露出，其中大部分花被片围绕着莲蓬斜向上方展开，少数外层的花被片斜向下方展开（干枯的萼片已脱落或仍可见），从花的侧面一般只能看到莲花内的部分莲蓬（图 1-132，图 1-133）。开花第 2 天的莲花，色彩和花姿最美，是记载莲花特征和拍照留念的最佳时期。

　　[开花第 3 天] 对于花期不超过 3 天的花，在当天上午时，残存的花被片数量已经明显减少，而且花被片开展的角度较大，从侧面能看到莲花内完整的莲蓬，至当天下午时花被片便已全部脱落，花期结束（图 1-134，图 1-135）。

　　对于花期超过 3 天的莲花，在当天上午时，残存的花被片要比开花第 2 天时少，一般无斜向下方伸展的花被片（图 1-136 至图 1-140）。

　　[开花第 4 天] 有的花，花期刚刚超过 3 天，在开花第 4 天上午时，花被片就已完全脱落、结束花期（图 1-136，图 1-137）。

　　有的花（位于荷叶下方、受风等外力影响较小的位置），在开花第 4 天上午时，残存的花被片要比开花第 3 天时少，花被片伸展的角度也稍大。之后，由于下层的花被片脱落速度加快，至下午时残存的花被片便减少至数片，但由于该花位于莲叶下方，残存的花被片直到夜晚才脱落（图 1-138 至图 1-140）。

花瓣

莲蓬

——花梗

图1-129 开花第1天时的花形态（2023年7月18日，8：41）
花被片排列疏松，花蕾下方较小的外层花被片（萼片）已脱落，未脱落的花被片可称为花瓣，花蕾的顶端出现一个小孔，能使传粉昆虫进入花内为莲蓬上的柱头授粉。

花瓣

干枯的萼片

图1-130 另一朵花在开花第1天时的花形态（2023年7月17日，8：32）
花蕾顶端的开口稍大一些，花蕾下方有干枯、未脱落的外层花被片（萼片）。

图1-131 第3朵花在开花第1天时的花形态（2023年7月14日，9：36）
花处于半开状态。

斜向上方展开的花被片

莲蓬

莲蓬

斜向下方展开的花被片

花梗

图1-132 图1-129的花在开花第2天时的花形态（2023年7月19日，8：27）
大部分花被片围绕莲蓬斜向上方展开，少部分下层的花被片斜向下方展开，从花的侧面观察时，只能看到部分莲蓬。

莲蓬

雄蕊

花被片／花瓣

花梗

柱头

莲蓬

雄蕊

脱落的雄蕊

果期的莲蓬

花被片和雄蕊着生处的花托

莲蓬

图 1-133 图 1-132 的花在开花第 2 天夜晚时的花形态（2023 年 7 月 19 日，22：01）

在开花第 2 天的近中午至前半夜照相时，花处于闭合状态，似第 1 天花开时的花蕾。

图 1-134 在开花第 3 天上午时的花形态（2023 年 7 月 20 日，8：54）

花被片和雄蕊完全展开，残存的花被片数量减少，展开的角度大，从侧面能看到完整的莲蓬。

图 1-135 在开花第 3 天下午时的花形态（2023 年 7 月 20 日，16：34）

花被片已全部脱落，雄蕊下垂并部分脱落，花期结束。该花下方还有一个已经进入果期的莲蓬，在莲蓬下方的柱状花托上有花被片和雄蕊着生的痕迹，其中花被片痕位于雄蕊痕之下的花托上。

莲蓬

花被片／花瓣

花梗

图 1-136 花期刚刚超过 3 天的花，在开花第 2 ~ 3 天时的花形态
左图，开花第 2 天的花，多数花被片围绕莲蓬斜向上方展开，少数花被片斜向下方展开（2023 年 8 月 22 日，9：47）。右图，开花第 3 天的花，围绕莲蓬的花被片展开的角度变大，几乎无斜向下方伸展的花被片（已脱落），从侧面能看到花内较完整的莲蓬（2023 年 8 月 23 日，9：25）。

花被片 / 花瓣

侧漏的雄蕊　　花梗

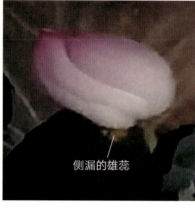

侧漏的雄蕊

莲蓬

雄蕊

脱落的雄蕊

图 1-137　图 1-36 花在开花第 3 天的傍晚至第 4 天上午时的花形态

左图，为开花第 3 天傍晚时的花形态，残存的花被片数量少，已无法将雄蕊完全包裹在内，雄蕊在花的左下方侧漏（2023 年 8 月 23 日，19：08）。中图，为开花第 3 天夜晚时的花形态，与傍晚时的花形态相似（2023 年 8 月 23 日，23：24）。右图，为开花第 4 天上午时的花形态，花被片已完全脱落，雄蕊也部分脱落，花期结束（2023 年 8 月 24 日，8：50）。

干枯的花被片

图 1-138　花期约为 4 天的花，在开花第 1 ~ 2 天时的花形态

左图，开花第 1 天时，花下方的外层花被片（萼片）已干枯，但尚未脱落（2023 年 8 月 22 日，10：07）。右图，开花第 2 天时，大部分花被片围绕莲蓬斜向上方展开，少部分外层花被片斜向下方展开，花下方的萼片已脱落（2023 年 8 月 23 日，9：16）。

图 1-139　图 1-138 花在开花第 3 ~ 4 天时的花形态

左图，开花第 3 天时，无向斜向下方展开的花被片（已脱落，2023 年 8 月 24 日，8：46）。右图，开花第 4 天时，因花下方靠外面的花被片陆续脱落而使残存的花被片数量减少，残存花被片的展开角度变大（2023 年 8 月 25 日，8：05）。

图 1-140 图 1-139 的花在开花第 4 天下午时的花形态

左图，开花第 4 天下午时，仅残存数片花被片（2023 年 8 月 25 日，15：22）。该花位于莲叶下方较隐蔽的位置，受风等外力影响较小，这使得残存的花被片直到夜晚才落完（可能和当天夜晚遇雨也有一定关系）。中图是左图花的放大，该花仅残存数片花被片，雄蕊几乎都已下垂。右图是左图花的不同角度观察。

（2）莲花的夜晚开花问题

一般认为，莲花在上午开花，在近中午至午夜时花都处于闭合状态，但是有少数的莲花却一反常态，在中午或夜晚时仍处于开花状态，并未闭合成花蕾状（图 1-141，图 1-142）。

图 1-141 夜晚仍在开花的莲花（2022 年 8 月 18 日，22：02）

左图，路边人工湖内的莲花在夜晚仍不闭合（在路灯照射下拍照）。右图为左图花的放大。

图 1-142 另一朵夜晚仍在开花的莲花（2022 年 8 月 19 日，22：19）

2. 莲花的形态与解剖

由于莲的未成熟花与成熟花在形态与结构上有很多相同或相似之处，故在前述内容的基础上将莲的成熟花分为形态、雄蕊和雌蕊三个部分来叙述。莲的成熟花的解剖材料分别于 2021 年 6 月 25 日和 2022 年 9 月 3 日采自河南省洛阳市某人工湖。

（1）莲花的形态

　　成熟的莲花由花梗（花柄）、花托、花被片、雄蕊和雌蕊五部分组成，花被片通常被分为萼片和花瓣两类；花托由下至上可分为柱状花托和倒圆锥状花托两部分，前者是花被片和雄蕊着生处的花托部分，后者即莲蓬，是雄蕊着生处之上的花托部分（图 1-143 至图 1-163）。

图 1-143　莲花的上面观（2022 年花材料）
开花第 2 天时的莲花，花被片和雄蕊均展开，雄蕊已发育成熟，散出花粉。

图 1-144　图 1-143 莲蓬的上面观
莲花的雌蕊先于雄蕊成熟，当雄蕊成熟时，一些雌蕊的柱头已褐化、萎缩变小，柱头表面的黏液（柱头液）已不明显，这些雌蕊已经完成受粉。

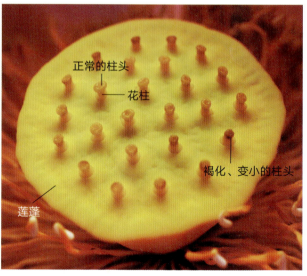

图 1-145　莲蓬的近上面观
雌蕊的花柱及柱头在莲蓬的上表面上露出，因莲花的花柱较短，有些文献认为莲花无花柱。

斜向上展开的花被片　　　　　　斜向下展开的花被片

1cm

花梗

1cm　　　　　　花被片／花瓣

图 1-146　莲花的侧面观
从侧面看，绝大多数花被片都围绕着花中央的莲蓬斜向上方展开，斜向下方展开的花被片主要是花下方、靠外面的一些花被片，其数量少，并且花下方已脱离的外层花被片的数量少。据此花的形态特点可知，此花处于开花的第 2 天。

图 1-147　图 1-146 花的下面观
由于花被片内凹，呈浅舟状，无法在二维平面上完全展开，图中的花朝下放置后花被片的形状并非其真实的形状。该花脱落的外层花被片数量少（仅最外层的萼片脱落），留下的花被片可称为花瓣。

花被片／花瓣

柱头

莲蓬　　　　　　　　　　　雄蕊

花托

花梗

1cm

图 1-148　除去部分花被片后，莲花的侧面观
莲花由花梗、花托、花被片、雄蕊和雌蕊等五个部分组成，此时花的外层花被片（萼片）已脱落，剩余的花被片都为花瓣。图中，仅标出了花被片着生处的花托部分。

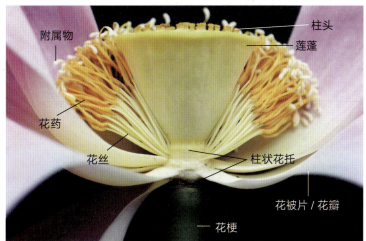

附属物　　　　　　　　　　　　柱头

莲蓬

花药

花丝　　　　　　　　　　柱状花托

花被片／花瓣

花梗

图 1-149　将图 1-148 花的部分雄蕊除去后，花蕊的放大（侧面观）
花托分为两部分：一是花被片和雄蕊着生处的花托部分，约呈柱状。二是雄蕊着生处之上的花托部分，约呈倒圆锥状，即莲蓬。

花瓣

柱头

莲蓬

雄蕊

花托

花梗

1cm

图 1-150　图 1-149 花的透射光观察

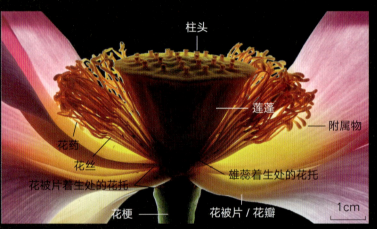

柱头

莲蓬

附属物

花药

花丝

雄蕊着生处的花托

花被片着生处的花托

花梗

花被片 / 花瓣

1cm

图 1-151　图 1-150 花蕊部分的放大

图中，由下至上，花托的下部着生着很多离生的花被片，在花被片着生处之上为雄蕊着生处的花托，在雄蕊着生处之上为雌蕊着生处的花托，即莲蓬。在莲蓬中嵌生着一些相互分离的雌蕊（属于离生雌蕊），在莲蓬的上表面，雌蕊的花柱及柱头在莲蓬的上表面上露出。

椭圆形

倒卵形

1cm

1cm

图 1-152　图 1-151 花的部分花被片（花瓣）的内面观

花被片经外折、近展平后，约呈椭圆形或倒卵形。

图 1-153　图 1-152 花被片 / 花瓣的外面观

将花被片放大后，可见其近顶端的位置有小凸尖。

柱头

花被片

莲蓬

雄蕊

图 1-154　另一朵花的近上面观（2021 年花材料）
该花的开花时间已超过 2 天，可能处于花期的第 3 天或第 4 天，其残存的
花被片 / 花瓣数量较少，花被片和雄蕊展开角度大，莲蓬上表面的柱头已经
褐化、干缩。

图 1-155 图 1-154 花的花蕊放大（上面观）
莲蓬的上表面凹凸不平，莲蓬上表面露出的雌蕊的柱头已经褐化。

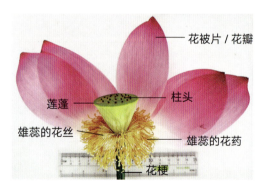

图 1-156 图 1-155 莲花的侧面观
残存的花被片围绕着莲蓬展开，雄蕊下部围绕着莲蓬斜向上展开，上部下垂。

图 1-157 图 1-156 花的透射光观察

图 1-158 图 1-157 花的 1 片被压平的花被片
将三维立体的、浅舟形的花被片（花瓣）压成二维平面上的倒卵形时，花被片上出现了 3 个皱褶。

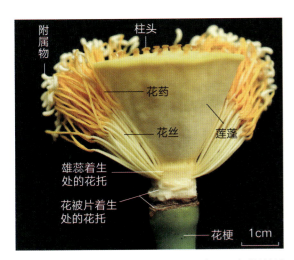

附属物
柱头
花药
花丝
莲蓬
雄蕊着生处的花托
花被片着生处的花托
花梗
1cm

图 1-159　除去花被片后，花蕊的侧面观（2022 年花材料）
开花第 2 天的花，雄蕊围绕着莲蓬斜向上方展开，不下垂。

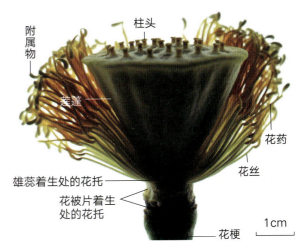

附属物
柱头
莲蓬
花药
花丝
雄蕊着生处的花托
花被片着生处的花托
花梗
1cm

图 1-160　图 1-159 花蕊的透射光观察
花托分为花被片和雄蕊着生处的柱状花托和雄蕊着生处之上的倒圆锥状花托（莲蓬）两个部分。

1mm
莲蓬
花药
花丝
附属物
花托
花被片痕
花梗

图 1-161　除去花被片后，花蕊的近侧面观（2021 年花材料）
开花已超过 2 天的花，雄蕊向外展开并下垂，花药已完成散粉并有些扭曲。

图 1-162 图 1-161 花蕊的透射光观察（侧面观,2021 年花材料）
花托分为下方的柱状花托和上方的倒圆锥状花托（即莲蓬）两个部分，柱状花托下部着生的花被片已脱落或被摘掉，柱状花托的上部生有雄蕊，倒圆锥状的莲蓬上部有一些雌蕊的花柱及柱头露出。

图 1-163 图 1-162 花托的部分放大
花托下部的花被片痕较大，花托中部的雄蕊痕较小（因花丝较细），由花被片痕及雄蕊痕的颜色和干燥程度便看出花被片或雄蕊的脱落或摘除时间的早晚。花托的上部即莲蓬，在莲蓬的下部可见其表面生有微小的乳突。

（2）雄蕊

　　莲的雄蕊是由很多彼此分离的雄蕊组成，这种雄蕊属于离生雄蕊，每个雄蕊是由花丝、花药和附属物三个部分组成。雄蕊成熟后，药隔两侧纵向的花粉囊纵向开裂，在药隔两侧各形成 1 个纵向的药室，整个花药共形成 2 个药室，散粉后的花药变得干燥并有些扭曲，成熟雄蕊的花粉粒、花丝和附属物的形态结构与前述未成熟雄蕊的花粉粒、花丝和附属物的形态结构相同或相似（图 1-164 至图 1-174）。

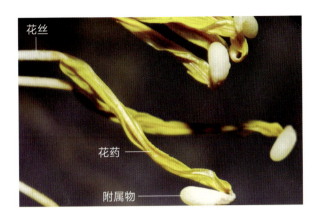

图 1-164　成熟花的部分雄蕊
雄蕊由花丝、花药和附属物三个部分组成，图中花药的花粉囊已纵裂，2 个药室内的绝大部分花粉粒已经散出，花药变得干燥并有些扭曲。

1mm

图 1-165　1 个雄蕊的透射光观察
雄蕊的花丝较长，表面不光滑，花粉囊已开裂，花药干燥、扭曲，花药上端膨大的附属物与药隔的顶端相连。

1mm

图 1-166　图 1-165 花药的放大
附属物下部可见 1 束维管束的阴影，它与花药的药隔内的维管束相连。

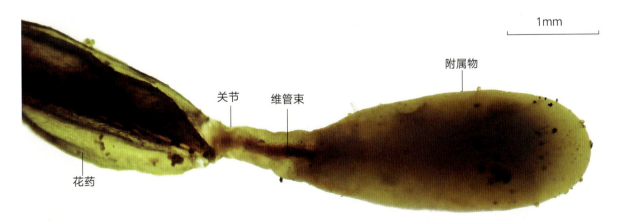

1mm

图 1-167　图 1-166 附属物的放大
附属物内的维管束与其下方药隔内的维管束相连。

图 1-168　另一个花药的放大

在花药的外侧面上可见 4 个花粉囊，即在药隔两侧各有 2 个花粉囊。图中近左侧的位置，在同一侧的 2 个花粉囊局部开裂后所形成的药室内有 1 条纵向凸起，它是药隔同一侧的 2 个花粉囊间的隔膜残迹。

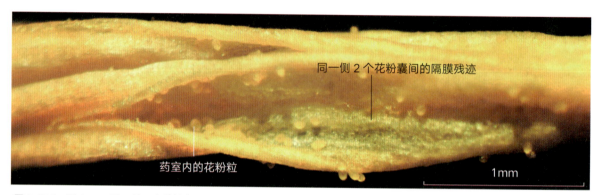

图 1-169　图 1-168 同一侧 2 个花粉囊开裂处的放大

在同一侧的 2 个花粉囊开裂后形成的药室内有同一侧 2 个花粉囊间的隔膜残迹，还有少数残留、未散出的花粉粒。

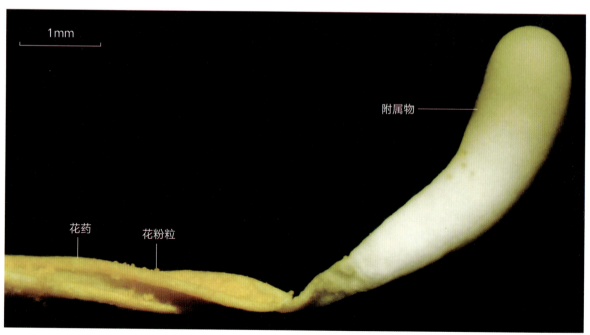

图 1-170　另一个雄蕊的附属物

花药扭曲，在花药的表面还残留着一些花粉粒。

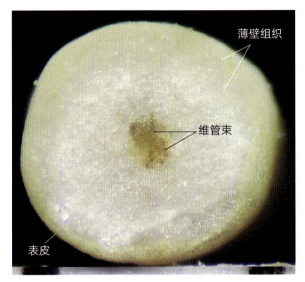

图 1-171　附属物上部的 1 个横切面
附属物由表皮、薄壁组织和维管束三个部分组成。

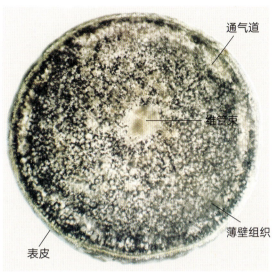

图 1-172　附属物上部的 1 个横切片（显微镜观察）
附属物的薄壁组织中有形状不规则、纵向的通气道，这种薄壁
组织属于通气组织。

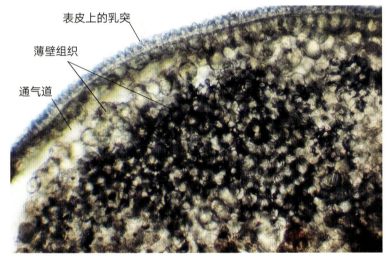

图 1-173　附属物横切片的部分放大
表皮细胞的外壁上有乳突，薄壁组织中有
明显的通气道，为通气组织。

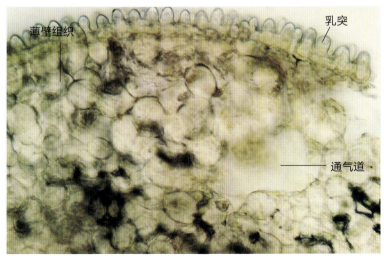

图 1-174　附属物横切片的进一步放大，
示表皮细胞外壁上的乳突

（3）雌蕊

[**雌蕊的组成**] 莲的雌蕊属于离生雌蕊，它由一些彼此分离、散生的单雌蕊组成，每个单雌蕊由 1 个心皮组成，并分化成柱头、花柱和子房三个部分。雌蕊的特征与前述未成熟花的雌蕊相同或相似（图 1-175 至图 1-182）。

图 1-175 莲蓬上端的侧面观（2021 年花材料）
雌蕊的柱头和花柱在莲蓬的上表面露出，柱头已褐化、干枯，花柱很短，也有文献认为莲花的雌蕊无花柱。

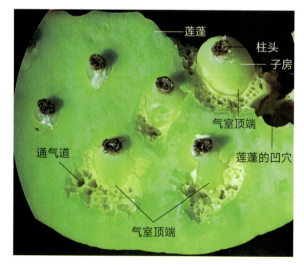

图 1-176 莲蓬的部分解剖，示雌蕊上部的特征
离生雌蕊嵌生在莲蓬上部的凹穴内，每个单雌蕊由柱头、花柱和子房三个部分组成，在子房上部的外侧面（远轴面）上有一个平顶的凸起，即气室顶端。

图 1-177 莲蓬的部分解剖，示子房上部的气室顶端
将莲蓬较厚而硬的外皮除去后，可见其质地蓬松，内部充满大小不等、纵向的通气道。气室顶端位于子房上部的外侧面上，即子房的远轴面上。

图 1-178　子房上部的外侧面观

气室顶端是 1 个近平顶的凸起，未见其有开口，所以不能称之为"气室开口"。花期时，气室顶端位于莲蓬的上表面之下，不露出；果期时，莲蓬凹穴开口变大，气室顶端露出（见第三章）。图中，柱头已干枯，柱头下方的花柱短而不明显，未完全干枯。

图 1-179　子房上部的气室顶端（暗视野观察）

气室顶端近中央的位置颜色较深。

图 1-180　从莲蓬中摘下的 1 个雌蕊

雌蕊的两端凸出，上端的柱头已褐化、干枯，花柱短、未完全干枯，子房体积大，在二维平面上约呈长圆形，基部微凸。

图 1-181　雌蕊的不同角度观察

气室顶端位于子房外侧面的上部，是一个平顶的凸起。子房基部的凸起内凹，形成凹穴，凹穴内有子房柄。

图 1-182　气室顶端的放大

气室顶端无开口，气室顶端的子房壁表面有一些白点，每个白点即子房壁表面上的气孔器位置。

[**子房的解剖和胚珠的形态**] 子房嵌生于莲蓬上部的凹穴中，莲蓬凹穴的开口较小，子房上端的花柱及柱头在莲蓬的上表面上露出，莲的花柱很短，在子房室内生有 1 个倒生胚珠，胚珠有 2 层珠被，顶生胎座（图 1-183 至图 1-191）。

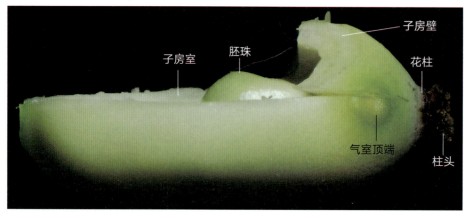

图 1-183　子房的部分解剖，示子房室内暴露出来的胚珠

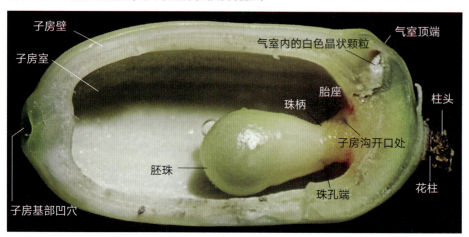

图 1-184　图 1-183 雌蕊的纵剖
气室顶端的内侧有 1 个较大的、约与其垂直的通气道（即气室），气室内堆积有一些白色晶状颗粒。气室顶端位于子房的外侧面（远轴面）上，而胚珠的珠孔端则位于胚珠的内侧面（近轴面）上。

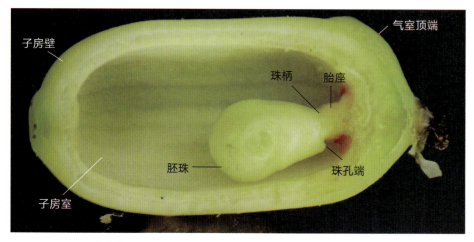

图 1-185　另一个雌蕊的纵剖
该剖面未切到气室，子房室内的胚珠为倒生胚珠，珠孔端明显，位于胚珠的上端、靠近珠柄的位置，胎座为顶生胎座。

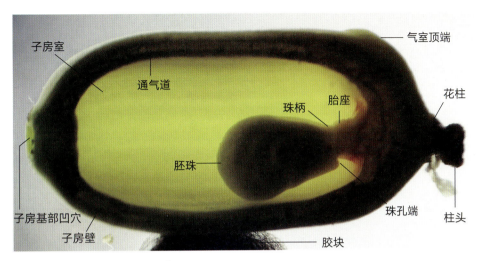

图 1-186　图 1-185 的暗视野观察
子房基部有凹穴，子房壁内有通气道。

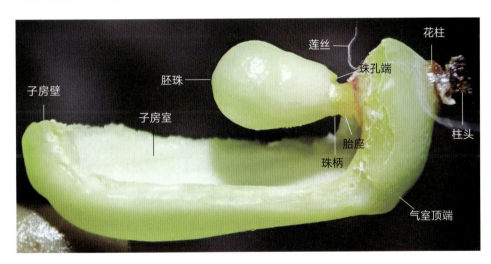

图 1-187　除去大部分子房壁，示子房室内的胚珠
倒生胚珠上方的"珠柄"为未与外珠被合生的珠柄，很短。

图 1-188　1 个雌蕊纵剖后的近上面观

图 1-189　将图 1-188 的柱头、花柱和部分子房壁除去后，胚珠内侧
面的近上面观
在倒生胚珠的上端可见 1 个由外珠被上缘围成的凹陷，为胚珠的珠孔，
在珠孔内有 1 个小凸起，为内珠被的顶端，即内珠被的珠孔端形成的
凸起。

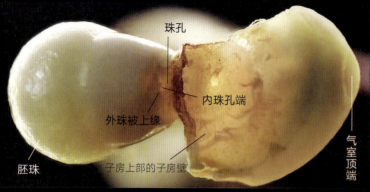

图 1-190 图 1-189 的混合光观察
在由外珠被上缘围成的珠孔凹陷内，可见内珠被的珠孔端形成的凸起，即内珠孔端。

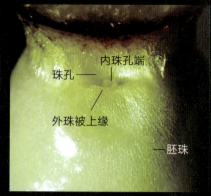

图 1-191 图 1-190 胚珠的珠孔端的放大（近上面观）
珠孔内有 1 个内珠被的珠孔端形成的凸起。

[莲蓬、子房和胚珠的解剖与切片] 花托的上部（即本书中的莲蓬）包含着 2 个部分：一个是伸长并膨大的（花托的）节间部分，即花托上最后产生雄蕊的节至花托上最先产生雌蕊的节，两个节之间的节间伸长并膨大形成了莲蓬凹穴下方的莲蓬部分（图 1-193 中白色双箭头的示意部分）。二是将每个单雌蕊包裹起来的花托部分，即每个雌蕊的子房周围的莲蓬部分，按照花盘定义这部分花托（莲蓬）可看作是每个单雌蕊周围的花盘结构。由于上述原因，将莲蓬看作是离生雌蕊的花盘似乎也可以理解，但本书未采用花盘的概念，莲蓬、子房和胚珠的详细解剖情况见图 1-192 至图 1-204。

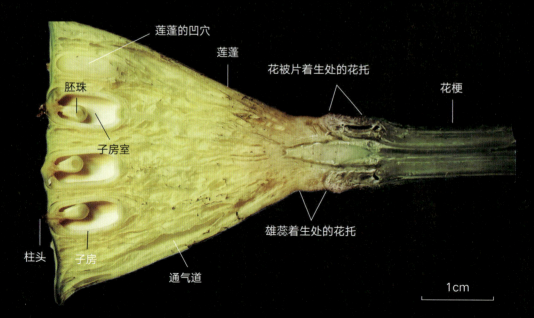

图 1-192 除去花被片和雄蕊后，花的 1 个纵切片
花托的下部近柱状，由花被片着生处的花托和雄蕊着生处的花托构成，雄蕊着生处之上的花托为雌蕊着生处的花托，约为倒圆锥状，即莲蓬，在莲蓬上部的凹穴内有雌蕊着生。

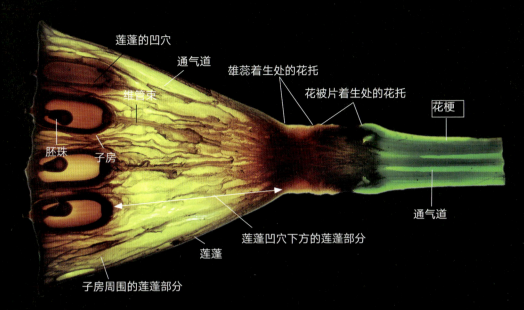

图 1-193　图 1-192 的透射光观察

莲蓬内有纵向分布的维管束，它们通过子房柄内的维管束便可与子房基部的子房壁内的维管束相连。莲蓬的质地蓬松，莲蓬内充满大小和形状不规则的、纵向的通气道，莲蓬的这种结构虽然在文献中被称为"海绵状"或"海绵质"，但它与通常所说的海绵状或海绵质结构不同。

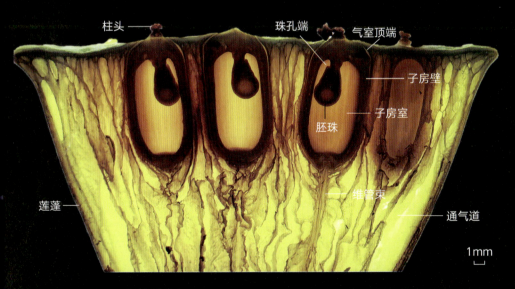

图 1-194　图 1-193 莲蓬的部分放大

莲蓬内纵向分布的维管束通过莲蓬凹穴基部与子房基部凹穴内的子房柄，进而与子房基部子房壁内的维管束相连。

图 1-195 从莲蓬凹穴内分离出的 1 个雌蕊
莲蓬内的维管束与子房柄和子房壁内的维管束相通。

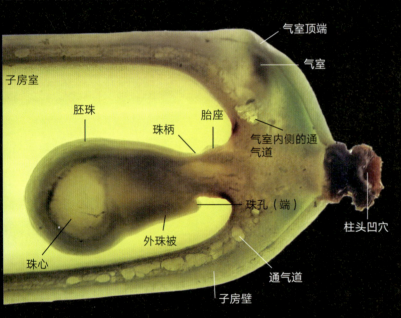

图 1-196 图 1-195 子房上部的放大
气室位置的子房壁中有由白色晶状颗粒堆积
而形成的阴影（见前文和第三章）。胚珠为
倒生胚珠，有 2 层珠被，但内珠被看不到。

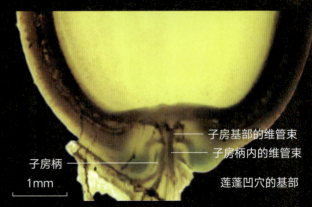

图 1-197 图 1-196 所属的子房下部的放大
子房基部的凹穴内有很短的子房柄，子房柄与莲蓬的凹穴基部相连，
子房基部的维管束通过子房柄内的维管束与莲蓬凹穴基部以及莲蓬内
的维管束相连。

图 1-198　子房的解剖，示从子房基部凹穴内拉出的一些莲丝

在从莲蓬凹穴内摘下单个雌蕊时，可将子房基部凹穴内的子房柄和子房柄内的维管束拉断或折断，并从中拉出一些莲丝。

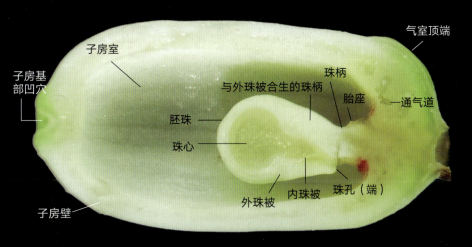

图 1-199　1 个子房的纵剖面

图中的"珠柄"为未与外珠被明显合生的珠柄，还有一部分珠柄在内侧面与外珠被合生在一起。

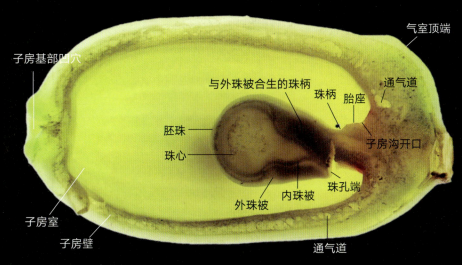

图 1-200　图 1-199 的透射光观察

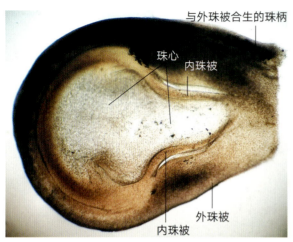

图 1-201　1 个胚珠纵切片的显微镜观察
倒生胚珠有 2 层珠被，其外珠被较厚，而内珠被较薄，在胚珠的外侧面，珠柄与外珠被合生，图中未切到珠孔的位置。

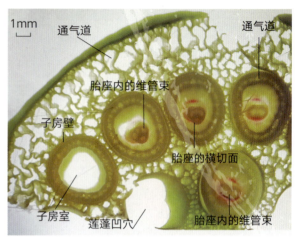

图 1-202　部分莲蓬和子房上部的横切片
莲蓬内除了充满大小不一、形状不规则、纵向的通气道之外，还有一些雌蕊着生的凹穴，即莲蓬凹穴，在这些凹穴内能观察到子房壁和与子房壁相连、不同位置的胎座横切面以及胎座内不同的维管束分布样式。图中，左侧下方的子房室内之所以空洞无物，是由于子房壁的横切片未与子房壁内的胎座（或珠柄等）横切片相连，因而造成游离的胎座横切片在制片时脱落。图下方的中央位置，莲蓬凹穴中的子房（或子房切片）已脱落。图中的子房壁内也有通气道，但较细。

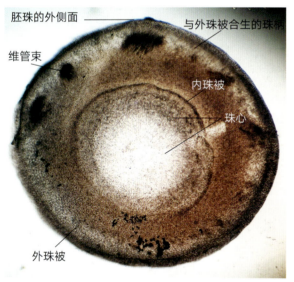

图 1-203　1 个胚珠的横切片（显微镜观察）
在胚珠的外侧面内有维管束分布，这些维管束是与外珠被合生的珠柄内的维管束（参考图 1-201）。

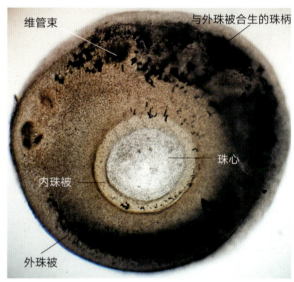

图 1-204　另一个胚珠的横切片（显微镜观察）
此横切片是上图横切片上方的 1 个胚珠横切片，其珠心的面积变小（参考图 1-201）。

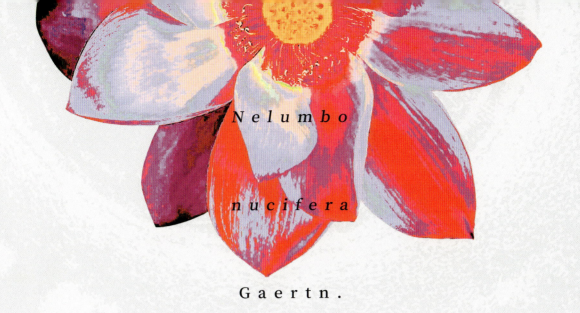

N e l u m b o

n u c i f e r a

G a e r t n .

第二章

—

并蒂莲的花

—

通常，在莲的单个花梗顶端只生长一朵莲花，但有时也会意外地发现在单个花梗顶端竟生长着 2 朵莲花，这种莲花的变异类型被称为"并蒂莲"。

并蒂莲，这种花变异类型在古时即有之并有史书记载，但无论古今其出现的概率均很低，目前网络上有并蒂莲出现的概率为十万分之一或十几万分之一的说法，但是莲研究专家认为没有人去荷塘里数过十万朵莲花，所以这只是臆断（张行言、陈龙清和王其超，2011）。除了出现概率低之外，并蒂莲还具有产生原因不明、不重复、不能遗传的特点，笔者于 2023 年对 2022 年曾经出现并蒂莲的原处及其附近进行观察时，未见到莲花中有并蒂莲再次出现。由于并蒂莲具有双花并生、难得一见和不可遗传等诸多不平凡的特点，造就了诸如好事成双、好运连连、喜庆吉祥、夫妻恩爱、兄弟和睦等很多寓意美好的花语，以至于每年发现并蒂莲后，总能引起人们的广泛关注，并纷纷前来观看和拍照留念。

目前，除了并蒂莲之外，人们还发现了在单个花梗上生长着 3 朵花的"三蒂莲"，甚至还有"四蒂莲"。另外，在 1 朵莲花中也发现了有 2 个或 3 个莲蓬的变异类型，分别被称为"并雌莲"和"三雌莲"，还有并蒂和并蓬结合的"三雌并蒂莲"。总之，和野生植物相比，栽培植物的花更容易发生变异，可以设想以后还会发现越来越多的莲花变异类型。

并蒂莲及其他莲花的变异类型除可用于观赏之外，还可以用于科研，植物学家可以利用它们研究其产生的原因和花发育调控的方法，进而培育出更多、更有价值的莲花新品种。

由于目前无并蒂莲的花解剖文献，故在这里对产自河南省洛阳市某人工湖的并蒂莲进行了花解剖，下面从并蒂莲的开花过程和花解剖两个方面来介绍并蒂莲的花。

一、并蒂莲的开花过程

　　并蒂莲材料于 2022 年 6 月 24 日被发现，6 月 27 日进入开花第 1 天，但在进入开花第 2 天（6 月 28 日）的夜晚被人折掉并弃于湖中，于 6 月 29 日上午被捞出，未能观察到并蒂莲在开花第 3 天时和之后的花形态（图 2-1 至图 2-17）。

图 2-1　人工湖中发现的并蒂莲（2022 年 6 月 24 日）
该并蒂莲（白圈内）离岸边约 1.8 m。

图 2-2　图 2-1 并蒂莲的放大（2022 年 6 月 24 日，8：29）
刚发现时并蒂莲的 2 个花蕾已较大，2 个花蕾下方没有共同的花被片将两者包裹在内。每个花蕾的花被片呈渐变的状态，外层较小、色绿的花被片可认为是萼片，内层较大、色红的花被片可认为是花瓣，也可将萼片和花瓣统称为"花被片"。

图 2-3 6月26日的并蒂莲（8∶06）
并蒂莲的 2 个花蕾逐渐长大，但未开花，花蕾下方的外层花被片有些已经枯萎，但是花被片的脱落情况未知。

图 2-4 开花第 1 天时的并蒂莲（6 月 27 日，7∶08）
并蒂莲的 2 个花蕾一起进入开花第 1 天时，2 个花蕾的花被片虽未完全展开，但是花蕾的花被片排列疏松，在顶端逐渐形成一个较小的开口，能让昆虫等小动物进入花内对雌蕊进行异花传粉。根据文献记载，莲花为雌、雄蕊异熟，其雌蕊先成熟，主要进行异花传粉。

图 2-5 图 2-4 不同时间的观察（6 月 27 日，8∶04）
并蒂莲的 2 朵花体积稍微变大，花顶端的开口也变大。

图 2-6 图 2-5 不同时间的观察（6 月 27 日，12∶51）
并蒂莲的 2 朵花在中午时闭合，如花蕾状。

图 2-7 开花第 2 天时的并蒂莲（6 月 28 日，7∶04）
并蒂莲的 2 朵花均开放，在早上 7 点前、后能吸引较多的蜜蜂前来觅食。

图 2-8 并蒂莲左侧花的观察（6 月 28 日，7∶03）
并蒂莲左侧花的花蕊已完全露出，雄蕊已经成熟，2 朵花都能吸引蜜蜂前来觅食。

图 2-9　图 2-8 不同时间的观察（6 月 28 日，8∶15）
在上午 8 点多时，并蒂莲的花开得稍大一些，但此时和之后的
照片及录像中未见前来觅食的蜜蜂。

图 2-10　并蒂莲左侧花的观察（6 月 28 日，8∶16）
由于照片是在岸边拍摄，所以只拍到花中的部分雄蕊，未拍摄
到莲蓬。

图 2-11　并蒂莲右侧花的观察（6 月 28 日，8∶14）
右侧花比左侧花要小一点。

图 2-12　图 2-11 不同时间的观察（6 月 28 日，10∶25）
并蒂莲的花有些回闭，体积稍微变小。

图 2-13　并蒂莲左侧花的观察（6 月 28 日，10∶23）
花顶端的开口已变小，雄蕊已不可见。

图 2-14　并蒂莲右侧花的观察（6 月 28 日，10∶31）
右侧花比左侧花更小一些，花顶端的开口已经被花被片蓬松地
遮挡住。

图 2-15　并蒂莲在中午时的观察（6 月 28 日，13：41）
2 朵花的花被片排列松散，花顶端的开口均被花被片遮挡。

图 2-16　并蒂莲在夜晚时的观察（6 月 28 日，21：17）
花闭合成花蕾状，外层较小的花被片均已脱落，残留的花被
片都为花瓣。这是该并蒂莲被摘掉前的最后一张照片，之后
不久被人折掉并弃于湖中。

图 2-17　开花第 3 天时的并蒂莲（6 月 29 日 6：44）
并蒂莲在被摘掉后弃于湖中荷叶上，未能看到并蒂莲在开花
第 3 天时的花形态。

二、并蒂莲的花解剖

　　将弃于湖中的并蒂莲捞上来后，便对其做了花形态观察与解剖，下面从花被片、花纵剖、雄蕊和雌蕊四个部分来介绍并蒂莲的花。

1. 花被片

　　捞上来的并蒂莲已处于开花的第 3 天，其左、右 2 朵花的外层花被片都在陆续脱落，残存花被片的数量较少，由于仅 1 份并蒂莲花材料，所以未做花被片的离析观察（图 2-18）。并蒂莲花被片（这里都为花瓣）的形状与通常的莲花相似，约呈浅舟状，在二维平面上的形状约呈倒卵形（图 2-18 至图 2-20）。

图 2-18　捞上来的并蒂莲（侧面观，6 月 29 日 13：29）
由于该并蒂莲已处于开花的第 3 天（也可能是处于花期的最后一天），外层的花被片（花瓣）已在陆续脱落，残存的花被片数量已较少，以致右侧花的下方已能看到雄蕊。为了描述方便，这里将并蒂莲的 2 朵花分别标注为 1 和 2，下同。

图 2-19　并蒂莲的 1 片花被片（外面观）
并蒂莲的花被片和普通莲花的花被片一样，呈内凹的浅舟状，无法在二维平面上完全展开，对其外折后在二维平面上约呈倒卵形。

图 2-20　图 2-19 花被片的内面观
花被片内面的颜色较花被片外面的颜色浅。

2. 花的纵剖

通过除去、修剪花被片和对花进行纵剖，可观察到并蒂莲花的结构为：在1个花梗（或花柄）顶端生长着2朵花，2朵花均近乎无花梗，排列成二叉分枝状（图2-21至图2-33）。在并蒂莲2朵花之下的花托上有2片花被片脱落后留下的花被片痕，这里称为"共用的花被片痕"，即在这2片共用的花被片产生之后，才出现2个花蕾，成为并蒂莲（图2-32，图2-33）。当并蒂莲的2个花蕾幼小时，这2片共用的花被片将2个花蕾包裹在内，起到保护作用，当2个花蕾长大后，它们便逐渐枯萎、脱落了。

> **讨论：**
>
> 如果将1个花梗顶端生长2朵花的并蒂莲看作是由1个单生花突变而成的1个花序，那么这个花序便是一种由2朵近无梗（或近无柄）的花组成的头状花序（如果2朵花都有明显的花梗，便成为一种伞形花序），并蒂莲2朵花下方的花梗便是花序梗，2片共用的花被片为苞片，苞片脱落后，在花托上留下的着生痕迹便是苞片痕。

如果将并蒂莲的2朵花看作2个花心，那么它与2个花心的千瓣莲不同的是：并蒂莲的2个花心外只有2片共用的花被片，每个花心（即分枝）都是1朵正常花，而2个花心的千瓣莲，其共用花被片的数量多，而且每个花心不是1朵正常的花，它只有花被片和瓣化了的雌、雄蕊，没有正常的雌、雄蕊和莲蓬。

图2-21 除去并蒂莲右侧花的部分花被片后，示并蒂莲右侧花的结构
在并蒂莲花梗顶端的花托上，可见2朵近无梗的花呈二叉分枝状并生，并蒂莲的2朵花与通常的莲花没有本质上的差异。

图2-22 图2-21并蒂莲右侧花的上面观
由莲蓬上表面露出的柱头数可知并蒂莲右侧花的心皮数（即单雌蕊数）为22。

图 2-23 除去花 2 的部分花被片及雄蕊后，示并蒂莲右侧花的结构

并蒂莲花梗顶端的花托上有 2 个共用的花被片痕，在其上有 2 朵花并生，每朵花均近无花梗，均有自己的花托、花被片、雄蕊、莲蓬和雌蕊。

图 2-24 除去并修剪部分花被片后，示并蒂莲的结构

花梗顶端的花托上的共用花被片痕与并蒂莲各花最下方的花被片痕之间的间距极小，可见并蒂莲的 2 朵花在此面均无花梗。图中，并蒂莲 2 朵花间有干枯的花被片，可能是由于受外界的扰动影响小，所以尚未脱落。

图 2-25 除去并适当修剪 2 朵花的部分花被片后，示并蒂莲的花结构

并蒂莲的花与通常的莲花在结构上大同小异，不同的是：并蒂莲的 2 朵花均近无花梗，2 朵花呈二叉分枝状生长在 2 片共用花被片之上的花托上。图中，花梗顶端的共用花被片痕与并蒂莲 2 朵花的花被片痕紧密相接，未放大观察时看不出是 2 朵花的共用花被片痕。

图 2-26 将图 2-25 的部分雄蕊除去并翻至另一面后，示并蒂莲的结构

图 2-27 图 2-26 花蕊部分的放大

并蒂莲花梗顶端的花托上有 2 个共用的花被片痕（图中仅显示一个，另一个在图下方，不可见），在这 2 个共用的花被片痕之上产生 2 个分枝，每个分枝均形成 1 朵近无梗的花，在每朵花的花托上均有花被片痕。自然脱落后留下的花被片痕已褐化，颜色深，而花解剖时留下的花被片痕未充分褐化，颜色浅。

图 2-28　图 2-27 2 朵花基部的放大

并蒂莲花梗顶端的花托上有 1 个共用的花被片痕，此痕为第 1 片共用的花被片（萼片）着生的位置，第 2 个花被片痕在本图的下面（本图不可见）。并蒂莲的 2 朵花各有自己的花托，其上都有花被片痕。共用的花被片痕与各花最下方的花被片痕在外侧紧密相接，但是共用的花被片痕却与 2 朵花的花被片痕下方的内侧有 1 个较明显的节间，即并蒂莲的 2 朵花间有 1 个共用的三角状花梗，虽然在此面并蒂莲的 2 朵花有 1 个极短的共用花梗，但在另一面 2 朵花既无共用的花梗，也无单独的花梗（图 2-33）。

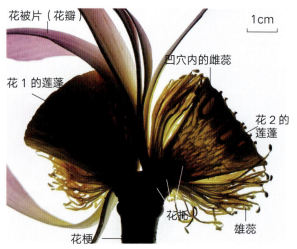

图 2-29　并蒂莲的 1 个莲蓬的纵剖

并蒂莲 2 朵花的花托与通常的莲花一样，都分为柱状的花托和倒圆锥状的花托（即莲蓬）两个部分，前者由下至上分别生长着花被片和雄蕊，后者的上部凹穴内生长着一些彼此分离的、由单心皮构成的单雌蕊，这种雌蕊和通常的莲花一样，都属于离生雌蕊，每个雌蕊的花柱及柱头在莲蓬的上表面上露出。

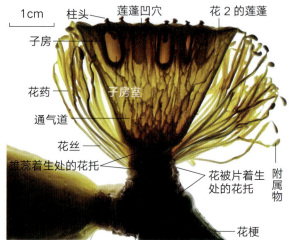

图 2-30　除去花被片后，花 2 的纵剖花蕊的放大

在莲蓬的上部有一些散生的凹穴，凹穴内有雌蕊嵌生，雌蕊的花柱和柱头露出莲蓬之外。

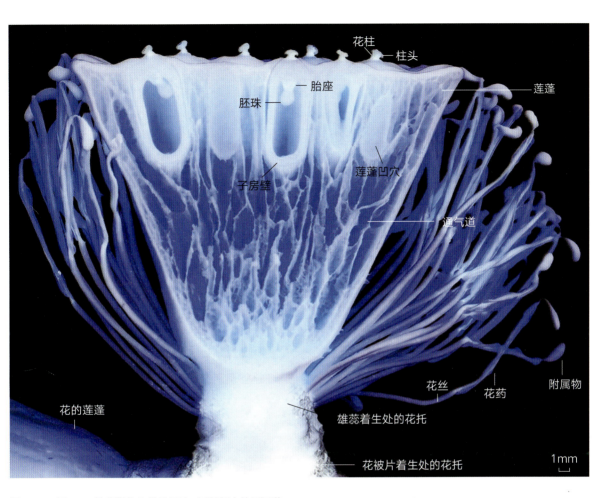

图 2-31　图 2-30 的光学信息解析处理，示莲蓬内的通气道

莲蓬的皮较厚且硬，莲蓬内充满大小不一的纵向通气道，并蒂莲的莲蓬结构与莲花的莲蓬结构相同。

图 2-32　除去花被片和雄蕊后的并蒂莲

照相时，因材料已放置数天，莲蓬的纵剖面有些发霉。在此面可见并蒂莲的 2 朵花下方有 1 段极短的共用花梗，可看作 2 朵花近无梗，而另一面则无（见下图）。

图 2-33　图 2-32 的另一面观察

在此面上，并蒂莲的 2 朵花既无共用花梗，也无单独的花梗，即 2 朵花均无梗。

3. 雄蕊

　　和通常的莲花一样，并蒂莲 2 朵花的雄蕊均为多数，雄蕊之间彼此分离，属于离生雄蕊，每一个雄蕊均由花丝、花药和附属物三个部分组成，有些雄蕊有一些形态上的变异，但是未见瓣化雄蕊，花粉粒有 3 个萌发沟，有些花粉粒在形态上出现了变异（图 2-30，图 2-34 至图 2-41）。

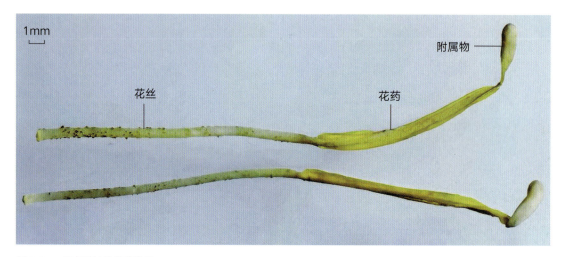

图 2-34　分离出的并蒂莲雄蕊
花丝表面不光滑，有小的凸起。

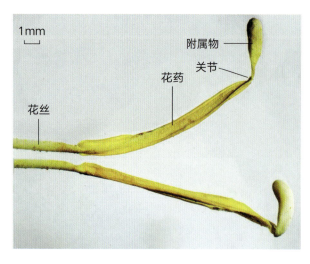

图 2-35　雄蕊上部的放大
花药的花粉囊已经开裂，干燥，未过度扭曲。

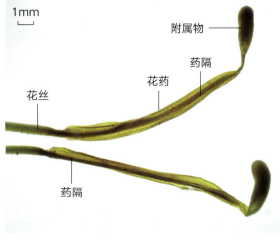

图 2-36　图 2-35 雄蕊的透射光观察
花药中的药隔比较明显。

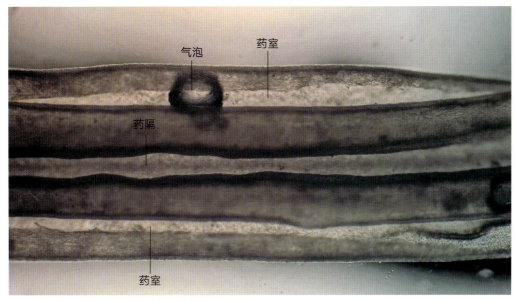

图 2-37　花药浸泡后的部分放大（显微镜观察）

用 84 消毒液浸泡并蒂莲的雄蕊后，可见药隔两侧各有 1 个纵向开裂的药室，药室内的花粉粒已经散出。同一侧的 2 个花粉囊开裂后各形成 1 个药室，整个花药共形成 2 个药室。

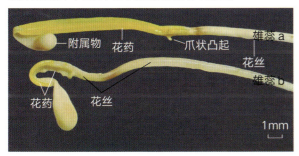

图 2-38　并蒂莲花中的变异雄蕊

雄蕊 a，花药的基部出现爪状凸起。雄蕊 b，花药较短、弯曲，花粉囊较小，而花丝相对较长，从形态上看该雄蕊可能是不育的退化雄蕊。

图 2-39　图 2-38 雄蕊 a 的部分放大

花药下部的爪状凸起由药隔下部长出，呈倒刺状，花药的 4 个花粉囊形态正常，从形态上看该雄蕊为可育的雄蕊。

图 2-40　图 2-39 爪状凸起的不同角度观察

爪状凸起由花药内面的下部药隔上生出。

萌发沟

图 2-41 并蒂莲的 1 个花粉粒
和莲花的花粉粒一样，并蒂莲的花粉粒也是三沟型花粉粒，有 3 个萌发沟，但是有些花粉粒有了形态变异，其两端大小不等，一端较尖（异极）。

4. 雌蕊

　　和莲花的雌蕊一样，并蒂莲 2 朵花的离生雌蕊都散生在莲蓬上部的凹穴中，但是其中 1 朵花的单雌蕊（或心皮）数为 22 个，另一朵花的单雌蕊（或心皮）数为 23 个；每个雌蕊均由柱头、花柱和子房三个部分组成，其中子房嵌生在莲蓬凹穴中，而较短的花柱与柱头则在莲蓬的上表面上露出，柱头有凹穴，它与花柱内的花柱道和子房壁内的子房沟以及子房室相连通，在子房上部的外侧面上有 1 个近平顶的凸起，即气室顶端；子房 1 室，子房室内生有 1 个倒生胚珠，顶生胎座，胚珠由内、外两层珠被组成，厚珠心（图 2-42 至图 2-121）。

（1）雌蕊的组成

外轮 12 个单雌蕊

花 2

中间 1 轮 8 个

图 2-42 并蒂莲花 2 的莲蓬
离生雌蕊的单雌蕊（或心皮）数为 22 个，其中外轮 12 个，中间 1 轮有 8 个，最内 1 轮有 2 个（黑圈内）。

1cm

外轮 13 个

莲蓬

花 1

附属物

花药

中间 1 轮 8 个

图 2-43 并蒂莲花 1 的莲蓬
离生雌蕊的单雌蕊（或心皮）数为 23 个，图中外轮有 13 个单雌蕊，中间 1 轮有 8 个单雌蕊，最内 1 轮有 2 个单雌蕊。可见，并蒂莲 2 朵花的离生雌蕊的单雌蕊（或心皮）数不同，即外轮着生的单雌蕊（或心皮）数不同。

图 2-44　莲蓬的近侧面观

莲蓬的上表面凹凸不平，莲蓬的边缘和单雌蕊嵌生处的莲蓬表面比较凸起，而雌蕊之间的莲蓬表面
则有些凹陷。莲蓬凹穴的开口较小，仅雌蕊的柱头、花柱和子房上端露出，柱头中空，有凹穴。雌
蕊的花柱较短，有些雌蕊的花柱不明显。图中的柱头及花柱有些褐化。

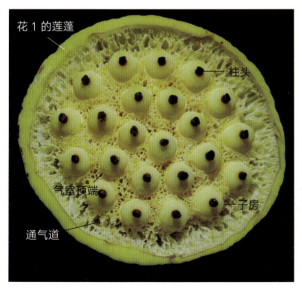

**图 2-45　将花 1 的莲蓬上部挖去一部分，示莲蓬内离生雌蕊
的着生情况**

23 个离生的单雌蕊彼此分离，离生的单雌蕊之间被莲蓬的一些
较细的纵向分布的通气道隔开，而最外轮单雌蕊外缘的通气道
相对较粗，但靠近莲蓬边缘的通气道却又变细。

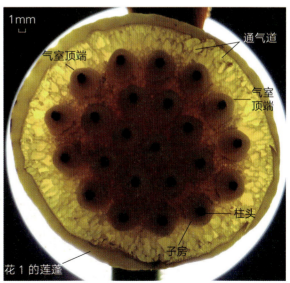

图 2-46　图 2-45 的透射光观察

在子房上部的外侧面（远轴面）上，有一个平顶的凸起，
为子房壁内气室的顶端。因其不是气室的开口，所以称为
"气室顶端"。

图 2-47　将花 1 的莲蓬部分剖去，示莲蓬凹穴内离生的单雌蕊

在每个雌蕊的子房上部的外侧面上，都有一个平顶的凸起，即气室顶端。在花托上的宽而扁的花被片痕内，有一些花被片内的维管束断离后所留下的瘢痕，即束痕。

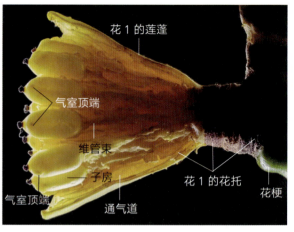

图 2-48　图 2-47 纵剖莲蓬的不同照明观察

莲蓬内有纵向分布的维管束，它与莲蓬凹穴的基部相连。

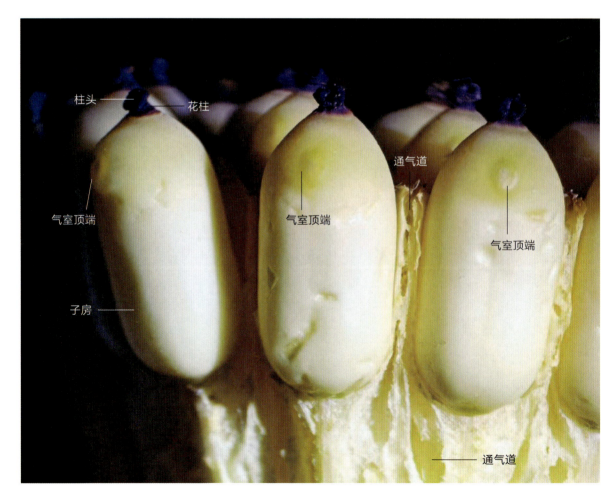

图 2-49　图 2-48 部分雌蕊的放大

雌蕊的柱头和花柱已干枯变黑，花柱很短，气室顶端无可见的开口。

（2）子房的解剖

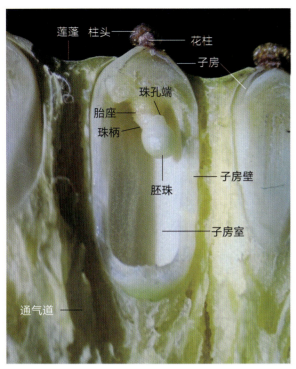

图 2-50　莲蓬和雌蕊纵剖后的部分放大
在纵剖后的子房室内可见子房 1 室，子房室的顶端生有 1 个珠孔端朝上、靠近珠柄的倒生胚珠，其胎座为顶生胎座。

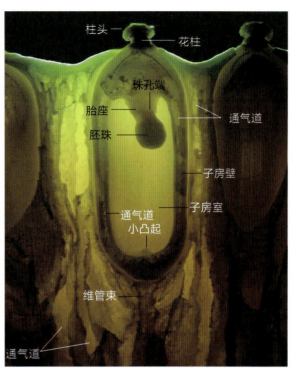

图 2-51　莲蓬内 1 个纵剖雌蕊的不同照明观察
莲蓬上部的凹穴开口较小，雌蕊的柱头和花柱在莲蓬的凹穴口之外露出，而雌蕊的子房仅上端在凹穴口处微露出，其余部分则位于莲蓬的凹穴内，包括气室顶端未露出。在子房室基部的中央有一个小凸起，在其下方的子房壁内有维管束。子房基部的维管束通过子房柄和莲蓬凹穴基部内的维管束，与莲蓬内纵向分布的维管束相连。在子房室内也有通气道分布，但没有像莲蓬那样丰富、充满通气道，也非通常的海绵状结构。

图 2-52　纵剖雌蕊的部分放大，示子房室内的胚珠
在子房室顶端的倒圆台状的胎座下方，生有一个颜色稍浅的倒生胚珠，其珠孔端位于胚珠的上方、靠近珠柄的位置（胚珠的内侧面、近轴面），为倒生胚珠。

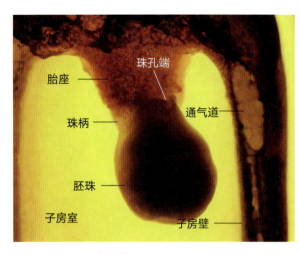

图 2-53　图 2-52 胚珠的不同照明观察

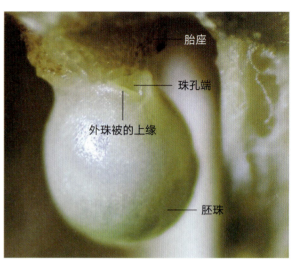

图 2-54　图 2-53 胚珠的不同角度观察，示珠孔的形状
并蒂莲和莲一样，其倒生胚珠的珠孔端是由外珠被的上缘（或者还有珠柄参与）围成，图中珠孔端的开口（珠孔）呈三角状。

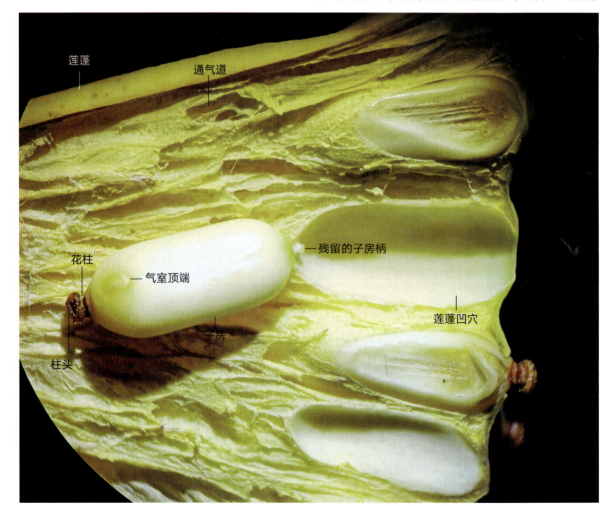

图 2-55　从莲蓬上部的凹穴内分离出的 1 个单雌蕊
在雌蕊着生处的凹穴底部，可见一段残留的子房柄，每个雌蕊都是通过子房基部凹穴内的子房柄嵌生在莲蓬上部的凹穴内。

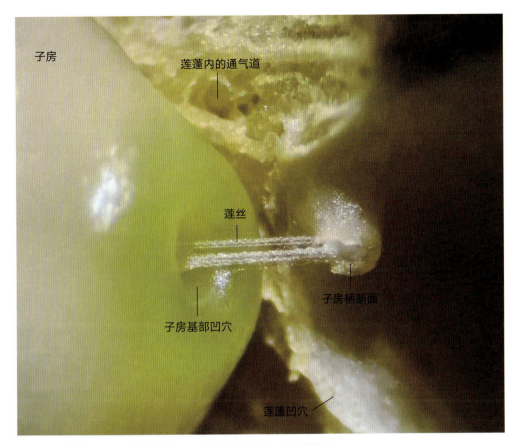

图 2-56　从莲蓬凹穴中分离出雌蕊时，从折断的子房柄中拉出的莲丝
子房基部有凹穴，凹穴底部生有子房柄，在从莲蓬凹穴中分离单雌蕊时，子房下端的子房柄折断，
本以为可从莲蓬凹穴中直接取走分离出的雌蕊，但是却发现分离出的雌蕊仍与已折断的子房柄之间
"藕断丝连"。图中的莲丝非直线状，是因为维管束内的螺纹导管（也有文献认为莲茎内是螺纹管胞）
的次生壁呈螺旋状，当它们被拉出时，即为非直线状的莲丝。

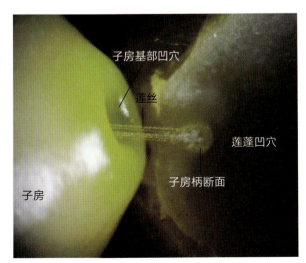

图 2-57　图 2-56 的不同角度观察（子房柄横断面的上面观）
子房基部的凹穴更加明显。

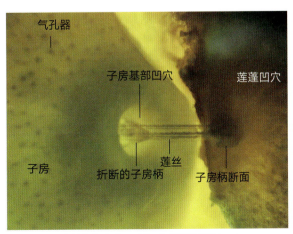

图 2-58　子房基部折断的子房柄（暗视野观察）
在子房基部的凹穴内，可见部分折断的子房柄，它与莲蓬凹穴
内残留的子房柄藕断丝连。子房壁表面有气孔器形成的阴影。

花柱　　　　　　　　　　　　　子房基部凹穴

柱头　　气室顶端　　　子房

图 2-59　分离出的雌蕊
并蒂莲的雌蕊和莲花的雌蕊一样，是由柱头、花柱和子房三个部
分组成，其花柱较短，在它们的子房上部的外侧面（远轴面）上
都有一个气室顶端，但是气室顶端无开口。

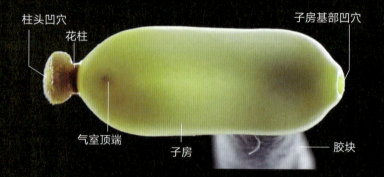

柱头凹穴　　　　　　　　　　　　子房基部凹穴
　　花柱

气室顶端　　　子房　　　　　　　胶块

图 2-60　分离出的雌蕊（暗视野观察）
雌蕊的柱头和子房基部都有明显的凹穴，气室顶端位置可辨，其
中央部分颜色较深。

气室顶端

柱头

花柱

子房

莲蓬残迹

1mm

图 2-61　另一个雌蕊的侧面观
气室顶端位于子房上部的外侧面（即远轴面）上，为平顶的凸起，子房的基部有 1 个像子房柄一样的柄状物，
为子房凹穴外与子房柄相连的莲蓬残迹。

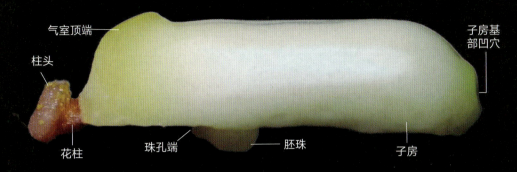

气室顶端

柱头

子房基
部凹穴

花柱　　珠孔端　　胚珠　　子房

图 2-62 纵剖除去部分子房壁后，示子房室内半露的胚珠

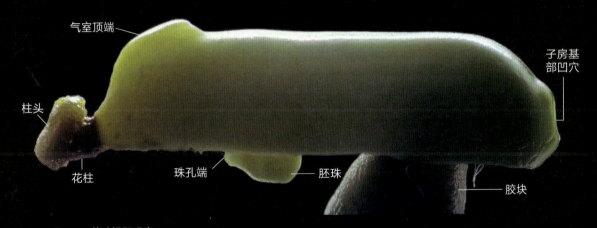

气室顶端

柱头

子房基
部凹穴

花柱　　珠孔端　　胚珠

胶块

图 2-63 图 2-62 的暗视野观察
胚珠的珠孔端位于胚珠上端的内侧面（近轴面）上，而气室顶端则位于子房壁上部的外侧面（远轴面）上。

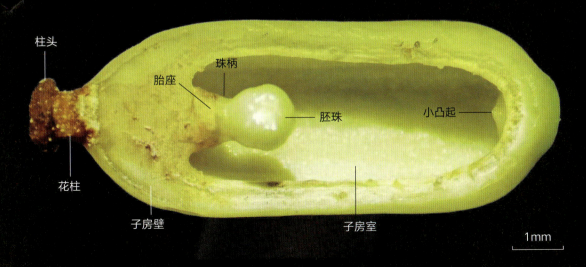

柱头

珠柄

胎座

胚珠

小凸起

花柱

子房壁　　　　　子房室

1mm

图 2-64 纵剖子房的内面观
子房上端的壁厚，倒生胚珠，顶生胎座凸入子房室内，未与外珠被明显合生的珠柄短，子房室基部有 1 个小凸起。

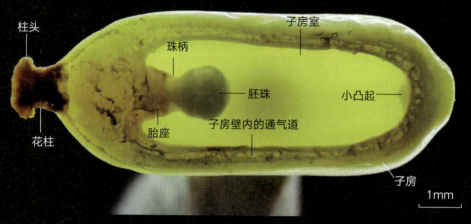

图 2-65 图 2-64 的暗视野观察
子房壁内有通气道。

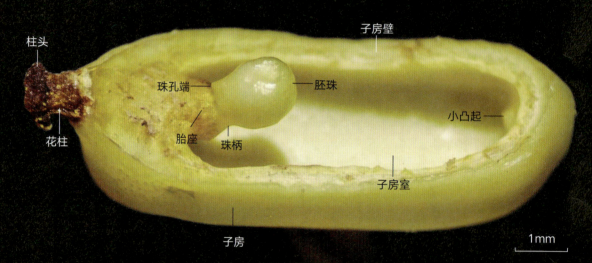

图 2-66 图 2-65 的不同角度观察

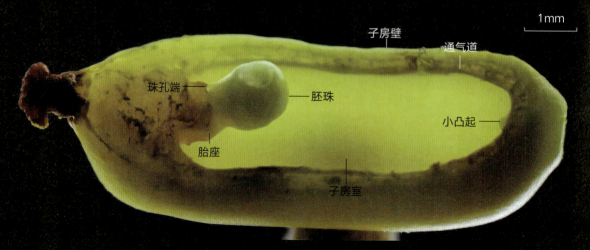

图 2-67 图 2-66 的暗视野观察

图 2-68　除去大部分子房壁后，示子房室内的胚珠与气室顶端的位置关系
胚珠的珠孔端位于胚珠上端的内侧面，气室顶端位于子房上部的外侧面。

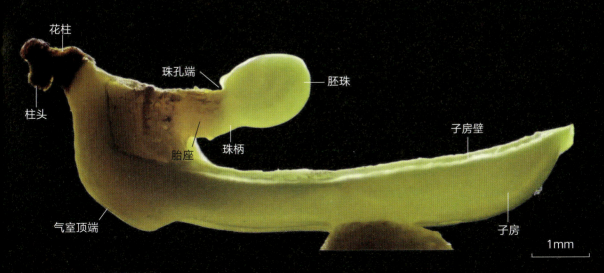

图 2-69　图 2-68 的暗视野观察

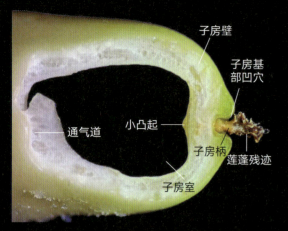

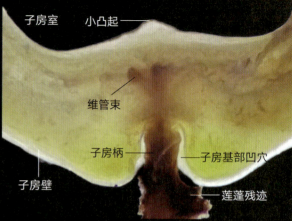

图 2-70 子房下部的部分纵剖及放大

在子房基部的凹穴内生有子房柄，但较短，仅达子房基部凹穴的开口处，开口之外的部分为与子房柄相连的莲蓬残迹，在子房柄和莲蓬残迹中均有维管束分布。

图 2-71 图 2-70 子房基部的暗视野观察及放大

在子房基部的子房壁内，有维管束通过子房柄内的维管束与莲蓬内的维管束相连。

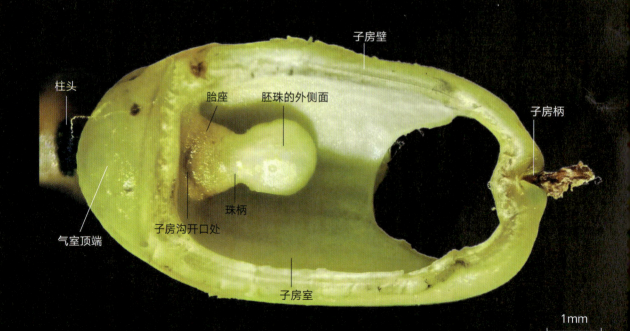

图 2-72 图 2-71 纵剖子房的外面观（远轴面观）

气室顶端的中央处隐约可见圆形的黑色阴影，子房室内胎座外侧面的下方有子房沟的开口，子房沟的开口处及其附近的胎座表面有黏液。

（3）胚珠的形态、结构和解剖

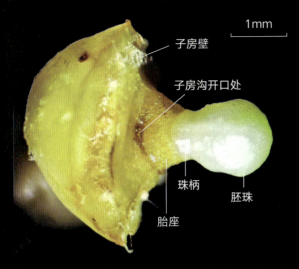

图 2-73　除去大部分子房壁后，示子房上部的胚珠（外侧面观）
胚珠的珠柄与胎座的颜色不同，而珠柄与胚珠本体的颜色相同。

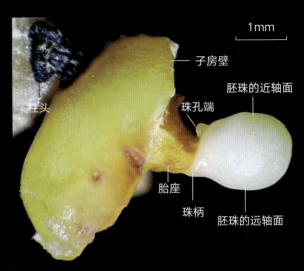

图 2-74　胚珠的侧面观
胚珠的珠孔端凸出。图中，胚珠的近轴面即胚珠的内侧面，胚珠的远轴面即其外侧面。

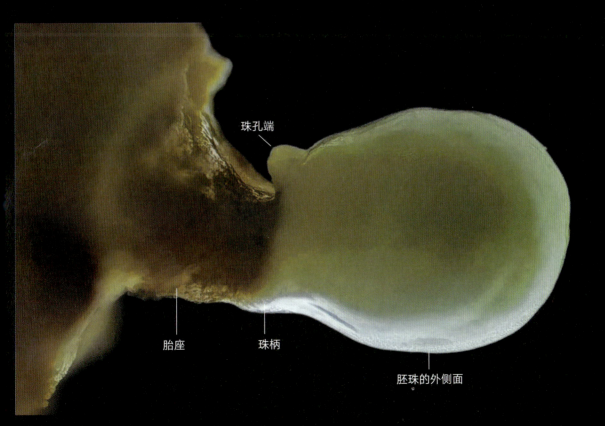

图 2-75　图 2-74 胚珠的暗视野观察

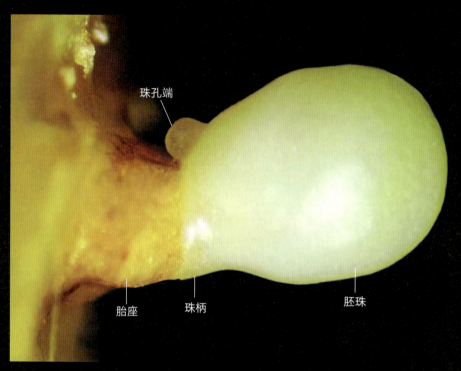

珠孔端

胎座　珠柄　　　　　　　胚珠

图 2-76　另一个胚珠的侧面观
从侧面看，该胚珠的珠孔端凸起比上图更圆一些。

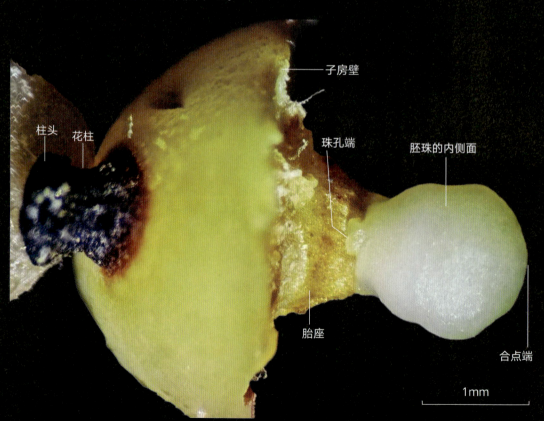

子房壁

柱头　花柱　　　　　　　珠孔端　　　胚珠的内侧面

胎座

合点端

1mm

图 2-77　图 2-76 胚珠的内侧面观（近轴面观）
胚珠的珠孔端形状与侧面观时不同。

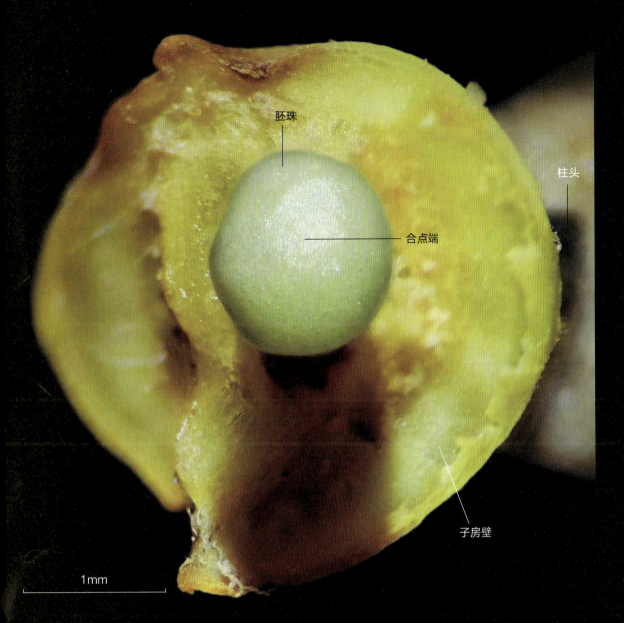

胚珠

合点端

柱头

子房壁

1mm

图 2-78　图 2-77 胚珠下面观（即胚珠的合点端观察）
胚珠的合点端表面光滑，无特殊结构。

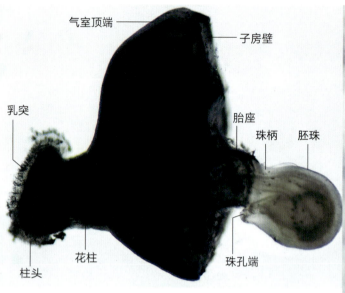

图 2-79 残余雌蕊的上部与胚珠经整体透明处理后的观察（侧面观）
和莲花一样，在显微镜下可见柱头表面密生腺毛状的乳突，在花柱内
的花柱道和子房壁的子房沟内以及子房沟的开口处及其附近同样生有
乳突。因腺毛状的乳突能分泌黏液，属于分泌结构，所以并蒂莲的柱
头和莲花的柱头一样，都属于湿柱头。

图 2-80 图 2-79 倒生胚珠的放大
经过 84 消毒液整体透明处理后，在胚珠的珠柄、珠被和珠心的交界处（即合点位置）可观察
到一个颜色稍深的"帽状"结构，为承珠盘。图中，在胚珠的外侧面，珠柄与外珠被合生的部
位有部分角质膜与表皮分离，此为用 84 消毒液处理的结果。

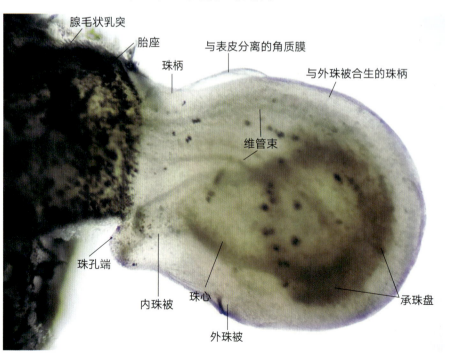

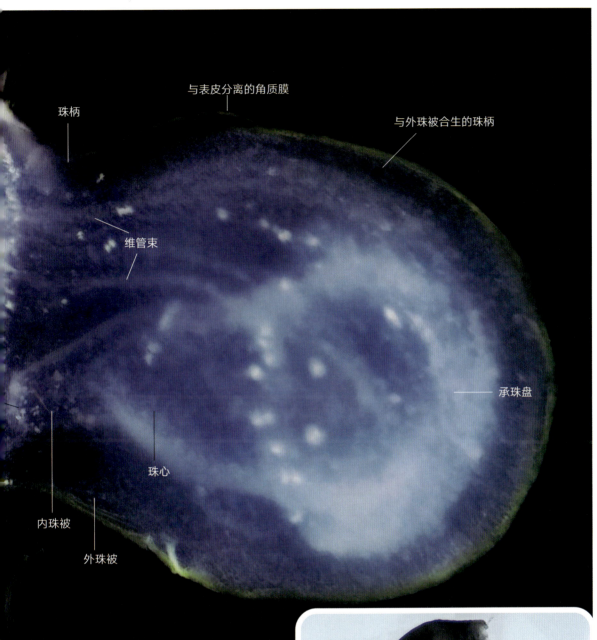

珠柄

与表皮分离的角质膜

与外珠被合生的珠柄

维管束

承珠盘

珠心

内珠被

外珠被

图 2-81 图 2-80 的光学信息解析处理照片
并蒂莲及莲花的倒生胚珠的珠柄可看作两部分，一部分是
未与外珠被明显合生的部分（图中标为"珠柄"的部分），
另一部分是珠柄与胚珠的外珠被合生的部分，两者均位于
胚珠的外侧面。在图中的"珠柄"和"与外珠被合生的珠柄"
内有多束维管束分布，这些维管束分布在珠柄和胚珠的外
侧面内，直到胚珠的合点处。当胚珠长成种子后，在珠柄
与外珠被两者合生并发育成的种皮内也能观察到这些维管
束的分布（见第三章）。

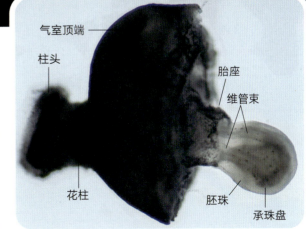

气室顶端

柱头

胎座

维管束

花柱

胚珠

承珠盘

图 2-82 图 2-81 胚珠与残余雌蕊的近外侧面观

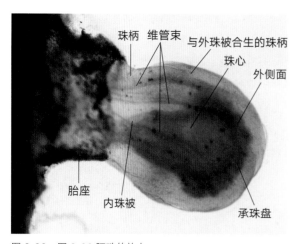

图 2-83　图 2-82 胚珠的放大

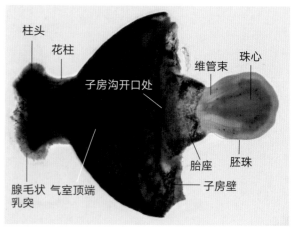

图 2-84　图 2-83 胚珠与残余雌蕊的外侧面观

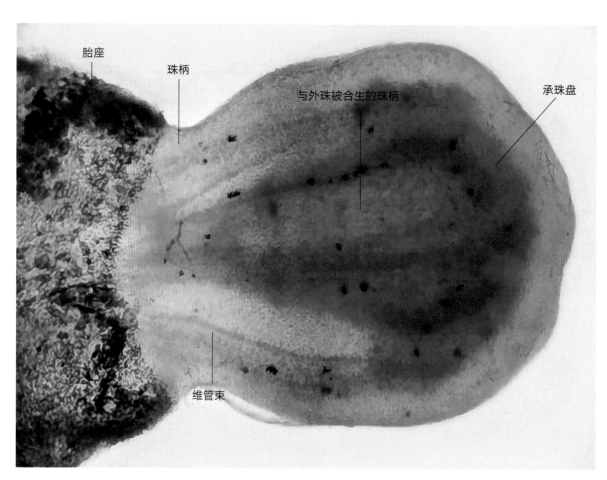

图 2-85　图 2-84 胚珠的放大观察

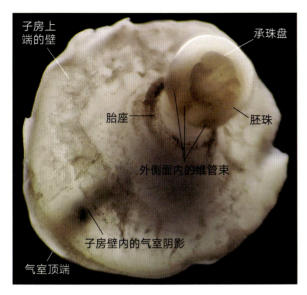

图 2-86　图 2-85 胚珠的近下面观
在气室顶端内侧的子房壁中有气室的阴影。

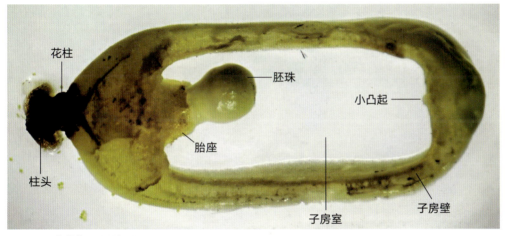

图 2-87　雌蕊的 1 个纵切片
切片未切到气室顶端和气室。

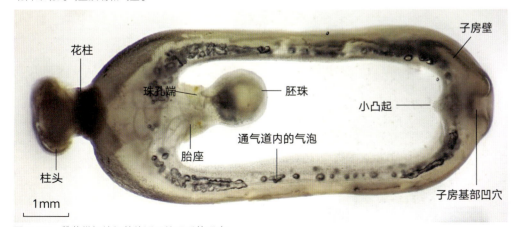

图 2-88　雌蕊纵切片经整体透明处理后的观察
子房壁内的黑色气泡为通气道中滞留的气泡，这些气泡是在 84 消毒液的整体透明处理过程中产生，若适当延长整体透明的处理时间（如过夜），这些气泡可自行消失。

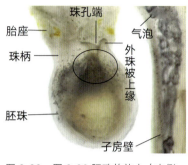

图 2-89　图 2-88 胚珠的放大（内侧面观）

从胚珠的整体透明结果上看，珠孔端的凸起是由外珠被的上缘围成，而非珠心伸入珠孔中形成的凸起。有趣的是，在胚珠的黑圈内出现了一个似人头像的阴影。

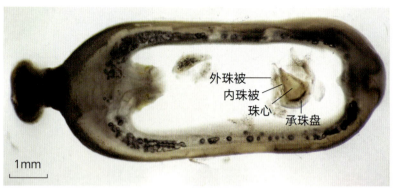

图 2-90　胚珠的解剖

对上图的胚珠进行解剖时，先将其外珠被剖开。

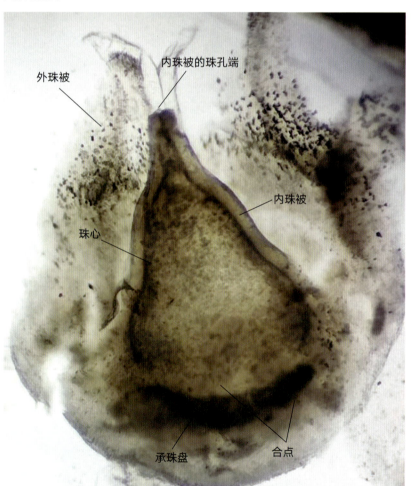

图 2-91　剖开外珠被后的胚珠

剖开胚珠的外珠被，还有 1 层较薄的内珠被罩在胚珠的珠心外面，可见并蒂莲的胚珠与莲的胚珠一样，有内、外 2 层珠被。图中的"合点"是指珠心、珠被及珠柄的交界处，其界限范围只能根据定义来大致确定，图中仅标出了合点中的 2 个位点，未标出其大致范围。图中的合点处，有一个浅盘状的黑色区域，为承珠盘。外珠被、内珠被和珠心也在合点位置合生在一起。

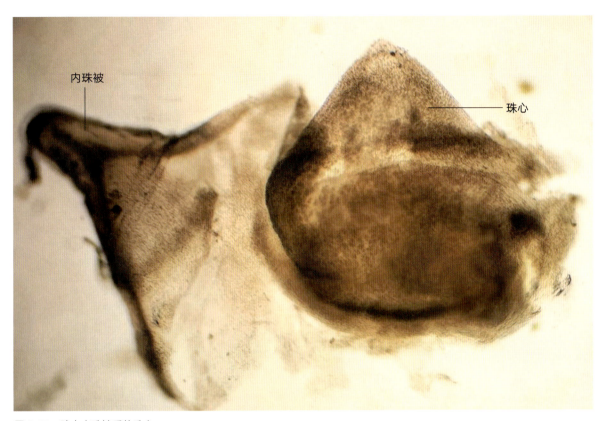

图 2-92 除去内珠被后的珠心
珠心顶端呈乳突状。

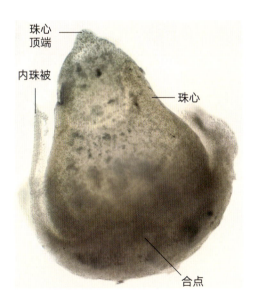

图 2-93 另一个胚珠的解剖
珠心顶端呈乳突状。

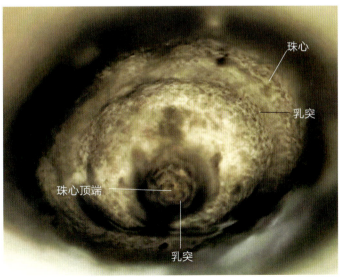

图 2-94 除去大部分的外珠被和内珠被后，珠心的上面观
乳突状的珠心顶端和珠心表面因生有乳突而显得不光滑（照片经过堆叠处理）。

（4）子房的纵切片

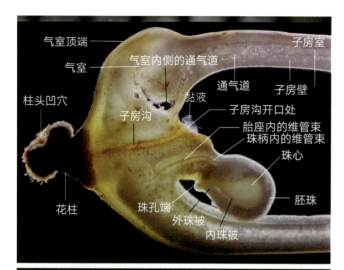

图 2-95　子房纵切片的部分放大观察（暗视野观察）
在子房上端有一条与花柱及柱头凹穴相通的孔道，为子房沟。在临时水装片上，子房沟在子房室内的开口处有白色黏液溢出。在胎座和胚珠的外侧面内，还能观察到珠柄内的维管束与胎座以及子房壁内的维管束相连。

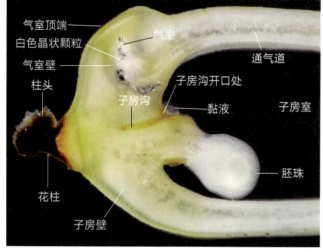

图 2-96　另一个子房纵切片的部分放大观察
气室呈白色，其内堆积有白色晶状颗粒，气室壁与其周围的子房壁颜色不同。本切片仅切到子房沟的下部，未切到与花柱及柱头相连的子房沟上部。

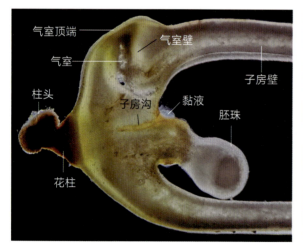

图 2-97　图 2-96 切片的暗视野观察
气室顶端内侧的气室形状不规则，子房沟在子房室内的开口处有明显的白色黏液溢出。

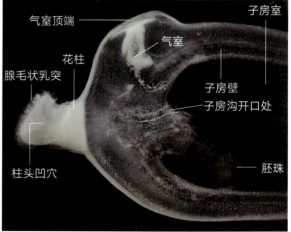

图 2-98　子房纵切片经整体透明等处理后的制片观察
柱头表面密生腺毛状乳突。

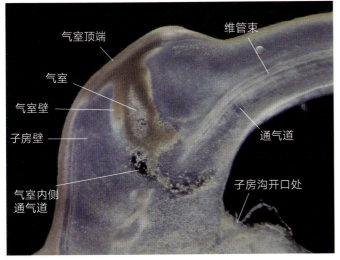

图 2-99　气室顶端经整体透明处理后的放大观察
子房壁内有纵向分布的维管束。

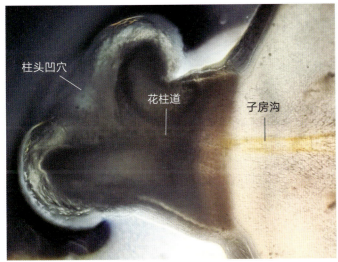

图 2-100　柱头及子房沟上部的放大
柱头凹穴通过花柱道和子房沟与子房室相连，这为
花粉粒萌发所形成的花粉管提供了一条由柱头进入
子房室内的通道。

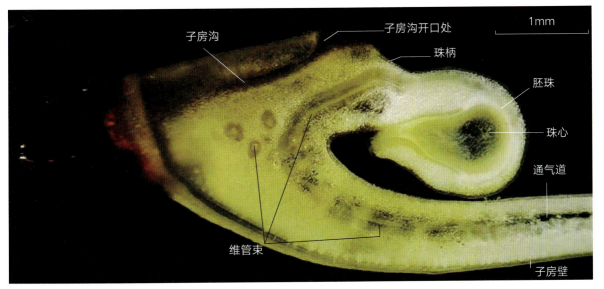

图 2-101　第 3 片雌蕊的纵切片
在胚珠的珠柄内的维管束与胎座以及子房壁内的维管束相连。

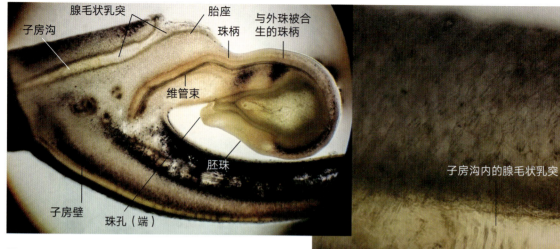

图 2-102　图 2-101 子房的纵切片经整体透明和染色处理后的制片观察
子房沟内生有密而较长的腺毛状乳突，在子房沟的开口处及附近也生长着一些腺毛状乳突。

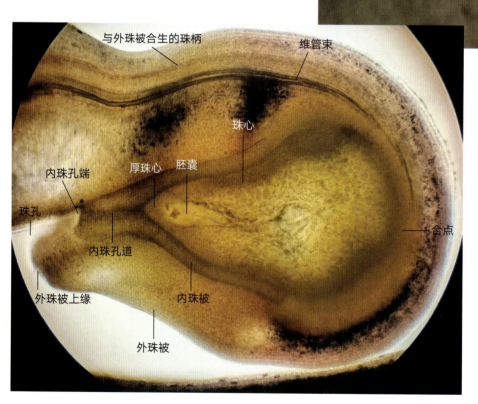

图 2-103　图 2-102 胚珠的显微镜放大观察
和莲的胚珠一样，并蒂莲的胚珠也为倒生胚珠，胚珠有 2 层珠被，其外珠被较厚，而内珠被较薄，在胚珠的外侧面内有多束维管束，这些维管束是与外珠被合生的珠柄内的维管束。在珠心的顶端（最靠近珠孔端的位置），由珠心表面至胚囊顶端之间较厚，两者之间相隔着多层珠心细胞（非 1 层细胞），因此并蒂莲的珠心为厚珠心。图中，在内珠被顶端（内珠孔端）的内珠孔内有一个通往珠心最顶端的孔道，这里将此孔道称为"内珠孔道"（图 2-114）。

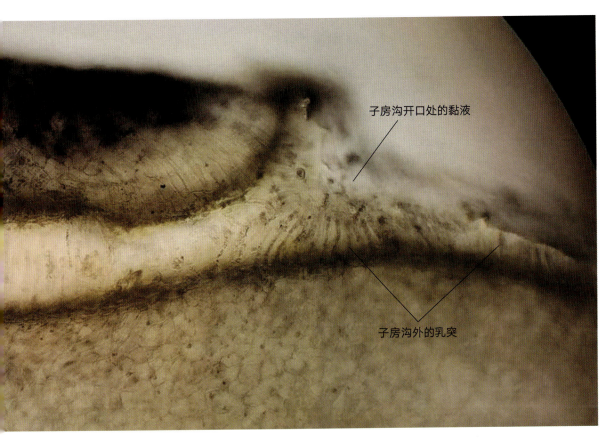

子房沟开口处的黏液

子房沟外的乳突

图 2-104　图 2-102 部分子房沟及子房沟开口处的放大
在子房沟内和子房沟的开口处及其附近生有较密的、腺毛状乳突。在子房室内，离子房沟越远，腺毛状乳突越短并逐渐消失。在子房沟的开口处及附近，腺毛状乳突被其分泌的黏液覆盖（图2-95 至图 2-97）。

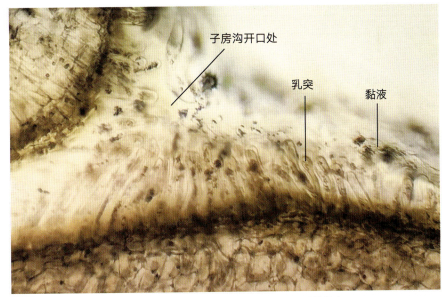

子房沟开口处

乳突

黏液

图 2-105　子房沟开口处的放大
子房沟内及其开口处的腺毛状乳突不仅较密而且较长，但离子房沟开口外越远，则腺毛状乳突越短。图中，子房沟外的乳突形态比较清晰，其头部稍膨大，似腺毛状，腺毛状乳突外有其分泌的黏液覆盖。

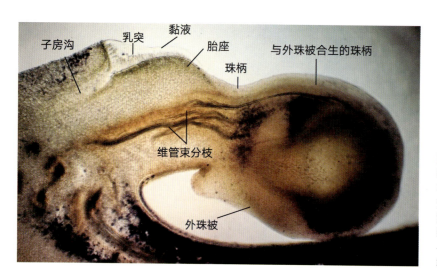

图 2-106　第 4 片雌蕊的纵切片经整体透明和染色处理后的制片观察
在子房沟开口处附近，离子房沟的开口处越远，腺毛状乳突越短并逐渐消失。珠柄的表皮上无腺毛状乳突，在胎座和与之相连的珠柄以及与外珠被合生的珠柄内，维管束已经有了分枝。

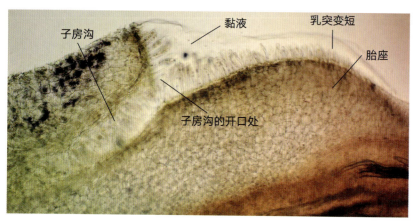

图 2-107　图 2-106 子房沟开口处及其附近的腺毛状乳突
子房沟的开口处和其附近的腺毛状乳突外有黏液覆盖，离子房沟的开口处越远，腺毛状乳突越短并逐渐消失。

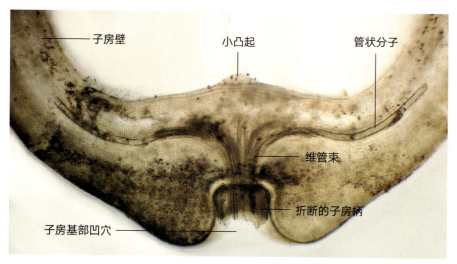

图 2-108　子房下部的纵切片经整体透明处理后的制片观察
在子房基部的凹穴内，可见分离雌蕊时折断的子房柄，在子房柄内有维管束分布。子房壁内的维管束通过子房柄内的维管束与莲蓬凹穴基部以及莲蓬内的维管束相连。在维管束的木质部内可观察到一些管状分子，一般认为它是螺纹导管，但也有文献认为藕折断后造成"藕断丝连"的原因是由于管胞壁上增厚的螺纹纹理像弹簧一样被拉成藕丝（王其超和张行言，1989）。

（5）子房的横切片

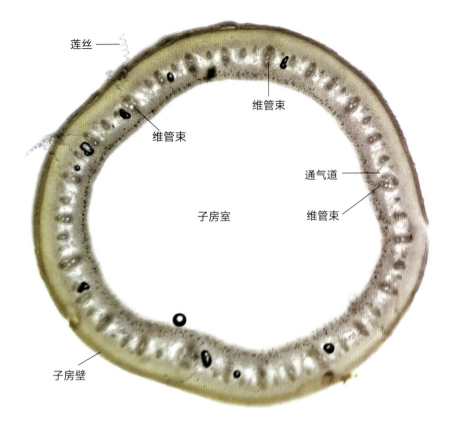

图 2-109　子房壁的横切片
在子房壁内有维管束和通气道的分布，左上方的莲丝是从维管束的木质部中拉出。

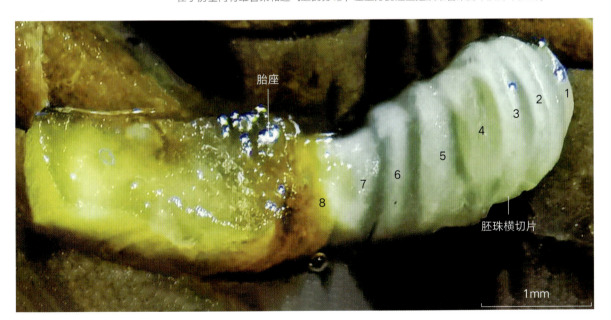

图 2-110　胚珠在胶块上的横切制片
胚珠横切片的编号是由胚珠的下部依次向上，即由胚珠的合点端向珠孔端依次
进行编号。

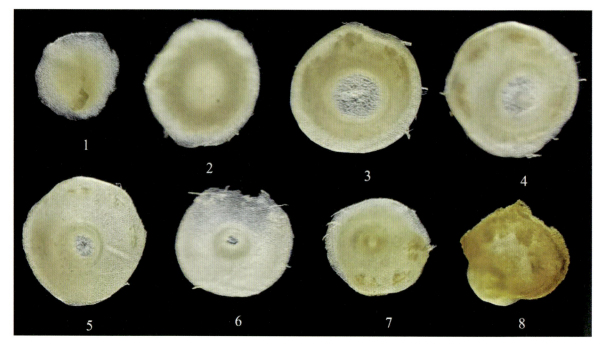

图 2-111　图 2-110 胚珠横切片的展开

胚珠横切片的编号同图 2-110。

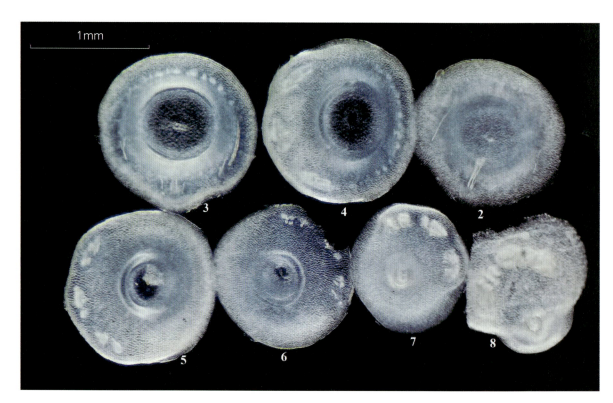

图 2-112　经过整体透明处理后的胚珠横切片

经过整体透明处理后，胚珠的结构变得比较清晰。

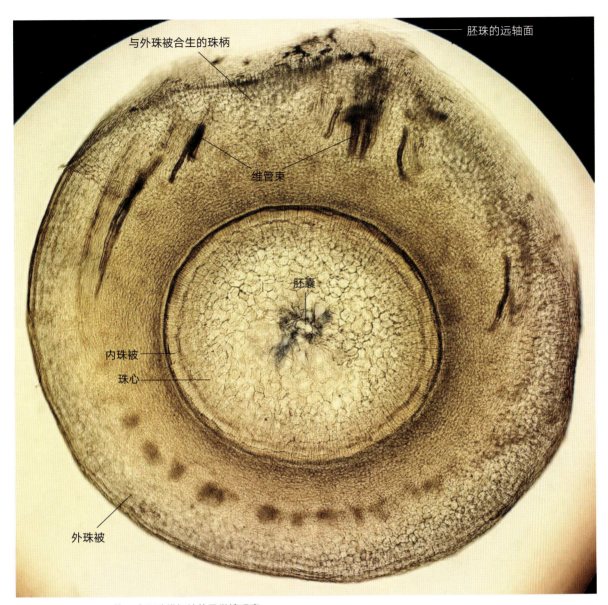

图 2-113　图 2-112 第 3 个胚珠横切片的显微镜观察
胚珠的外珠被厚，内珠被较薄，此切面的珠心面积较大，胚囊较小。
在胚珠的远轴面，与外珠被合生的珠柄内有维管束分枝。

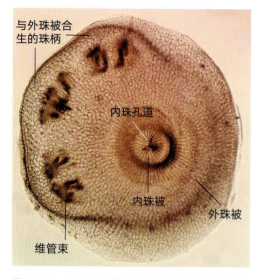

图 2-114　图 2-112 的第 7 个胚珠横切片的显微镜观察

此横切面上的外珠被很厚，内珠被呈管状，较细，内珠被内有裂缝状的裂口，此裂口即内珠被上端的内珠孔道的裂口形状（图 2-103）。在胚珠的远轴面上，可见与外珠被合生的珠柄内有多束维管束分布。

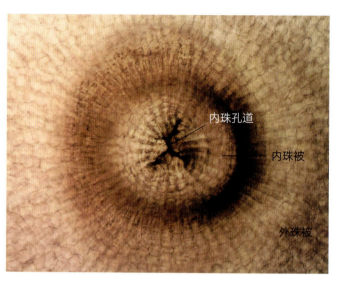

图 2-115　图 2-114 内珠孔道裂缝的放大

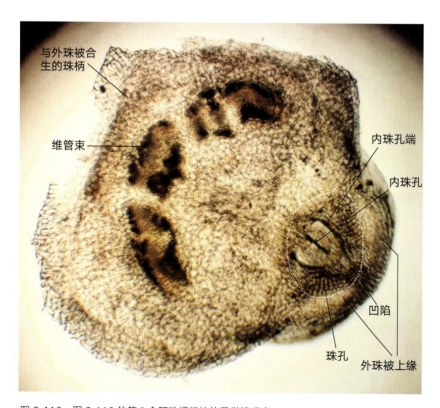

图 2-116　图 2-112 的第 8 个胚珠横切片的显微镜观察

此横切面的右侧虚线框内为珠孔的大致范围，它是由外珠被上缘围成的一个凹穴，此凹穴的底部有内珠被的顶端，即内珠孔端，其中的裂缝状开口即内珠孔端的珠孔形状（图 2-103）。

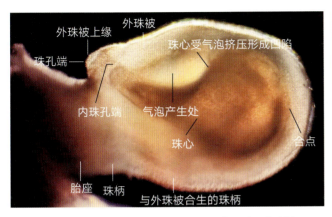

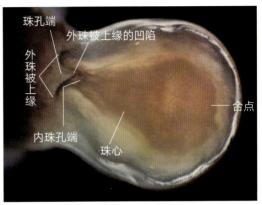

图 2-117 胚珠经 84 消毒液整体透明处理后的制片观察（侧面观，暗视野观察）

在整体透明处理过程中，图上方的外珠被与内珠被之间产生了一个大气泡，该气泡向内挤压内珠被及其内侧的珠心，因而使内珠被及珠心向内形成了 1 个大凹陷。图中，胚珠的珠孔端与内珠被的珠孔端不在同一个平面内，后者位于胚珠的珠孔凹穴的底部（图 2-116）。

图 2-118 整体透明处理后，胚珠内侧面的暗视野观察
从胚珠的内侧面（近轴面）上看，外珠被上缘有一个凹陷，这使其看起来似兔唇。

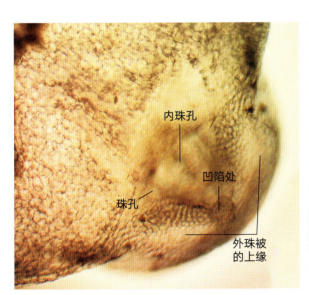

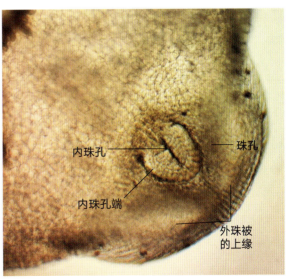

图 2-119 图 2-116 珠孔处的放大（上面观）

胚珠的珠孔是由外珠被上缘围成的一个凹穴 [图中的珠孔仅标出一点，未标出其所属范围（下同）]，在珠孔凹穴的底部有内珠被的内珠孔开口。由于受显微镜景深的限制，不在同一个平面上的内珠孔端无法与外珠被上缘的珠孔端同时清晰显示。

图 2-120 图 2-119 的不同聚焦面观察
图中，虽然能清晰地观察到内珠被的珠孔端，但由于受显微镜景深的限制，外珠被的上缘却模糊不清，无法同时观察它们。

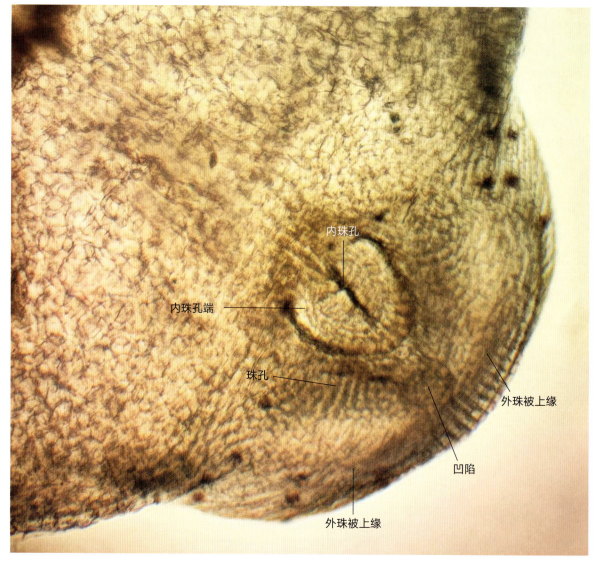

内珠孔

内珠孔端

珠孔

外珠被上缘

凹陷

外珠被上缘

图 2-121　图 2-119 和图 2-120 进行堆叠处理后的照片
不同聚焦面的照片经过堆叠软件处理后，虽然能同时清晰地观察珠孔端的外珠被上缘（包括其凹陷）和内珠被的内珠孔端，但是却使 2 个不在同一个水平面上的结构看起来好像是在同一个水平面上，导致不同结构之间的三维立体关系丧失。

Nelumbo

nucifera

Gaertn.

第三章

莲的果实和种子

　　莲花的雌蕊是由一些彼此分离、散生的单雌蕊组成，属于离生雌蕊，由这样的离生雌蕊发育而成的果实统称为"聚合果"（或"聚合坚果"）。然而，就莲的单个果实而言，它们都是由 1 个心皮构成的单雌蕊发育而成，其果皮（花期时的子房壁发育而成）较厚且坚硬，果实内只有 1 个果室（由花期时的子房室长成），果室内长着 1 粒种子（由花期时的倒生胚珠发育而成），种子的种皮（由花期时的珠被和与外珠被合生的珠柄发育而成）较薄，果实成熟后，种皮常与部分内层的果皮粘连，莲的这种果实在《中国植物志》等文献中被称为"坚果"，也有专著将其称为"小坚果"。按照构成雌蕊的心皮差异，坚果可分为 2 种：一种是由 1 个心皮构成的单雌蕊发育而成的坚果（如莲的果实），另一种则是由 2 个或 2 个以上的合生心皮构成的复雌蕊发育而成的坚果（如栗的果实等），在《植物学》教科书和文献中，通常以第 2 种坚果为例来介绍坚果。

通常，人们将莲的果实称为"莲子"，但莲子有时又可指莲的种子，使用时要注意分辨。

下面以莲的近成熟果实材料为主，以幼嫩的果实、成熟的果实（包括市售的莲子）为辅，介绍莲的果实和种子的形态与解剖。

一、近成熟的果实和种子

莲的近成熟果实于 2022 年 7 月底网购于湖南省。

1. 近成熟的莲蓬

果期时的莲蓬与花期时的幼小莲蓬虽然形态相似，都是倒圆锥形，但是果期时莲蓬不仅体积较大，而且其形态与结构也出现了一些变化，主要变化有：一是果期时的莲蓬，几何形状变得有些不规则，花期时的莲蓬是较规则的倒圆锥形；二是果期时的莲蓬，莲蓬凹穴的开口变大，果实上部和气室顶端在莲蓬凹穴的开口处露出，而在花期时子房仅顶端微露出，但气室顶端不露出；三是果期时的莲蓬，不仅莲蓬凹穴在整个莲蓬中所占的体积增大，而且莲蓬凹穴的位置也下移，以致凹穴下方的一些纵向的通气道及其隔膜因受到挤压而变得有些扭曲（图 3-1 至图 3-3）。

图 3-1 近成熟莲蓬的上面观
莲蓬的形状似倒圆锥形，但不是规则的倒圆锥形，在凹凸不平的莲蓬上表面，可见 12 个离生的果实嵌生于莲蓬之中，这些果实在大小上存在一些差异。与花期相比，莲蓬凹穴的开口变大，果实上端及气室顶端在开口处露出。

图 3-2 莲蓬的纵剖
莲的果实生长在莲蓬上部的凹穴内，果期时莲蓬凹穴的开口变大，但未成熟的果实仍然像花期时的子房那样镶嵌着生。莲蓬下方，雄蕊和花被片着生处的柱状花托部分被全部或部分保留，已无花梗。

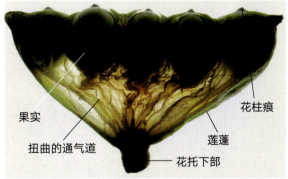

图 3-3 莲蓬纵剖片的透射光观察
莲蓬的皮较厚而硬，莲蓬内很多纵向分布的通气道及其隔膜在莲蓬凹穴下方因受挤压而变得有些扭曲，这与莲蓬凹穴及果实的生长有关。果期的莲蓬仍然是一个轻而蓬松的多腔结构，虽然常被称为海绵质，但它与通常的海绵质结构不同。

2. 近成熟的果实

（1）近成熟果实的形态

与花期时的子房相比，体积增大的未成熟果实在变大的莲蓬凹穴开口处暴露出的面积增大，花期时隐藏在莲蓬凹穴中的气室顶端也露了出来，但在气室顶端仍未见气室的开口（图3-4至图3-5）。将莲的单个果实从莲蓬内摘下，可见其外形约呈卵形（不同的品种，果实的形状可能存在差异），顶端稍尖，有柱头和部分花柱干枯、脱落后留下的花柱残迹所形成的凸起，这里称为"花柱痕"，也有干枯柱头未脱落的果实（见后述），果实的基部未见露出果实基部凹穴之外的果柄（图3-6至图3-9）。

图3-4 莲蓬凹穴开口处的放大
在果期，莲蓬凹穴的开口变大，果实上端外侧面的气室顶端在莲蓬表面露出（花期时子房上部的气室顶端未露出），气室顶端未见气室有开口，在莲蓬的上表面和果实的表面（即外果皮的表面）附着有一层白霜状的蜡被（或称"蜡层"）。

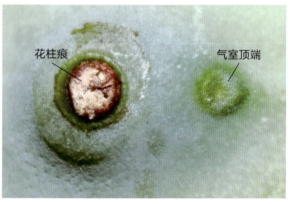

图3-5 果实上端的花柱痕及气室顶端的放大
近成熟果实的上端，柱头已干枯，与部分花柱一起脱落后，留下花柱痕。有的成熟果实，尽管其柱头和花柱已经干枯，但仍未脱落（图3-113）。

图3-6 从1个莲蓬凹穴内拉出果实
果实的顶端凸出，有花期时的柱头及部分花柱脱落后留下的花柱痕，果实的基部有凸起，其中央有凹穴（此凹穴为花期时子房基部的凹穴），凹穴外未见明显的果柄（由花期时子房基部凹穴内的子房柄长成），果实看起来好像是直接生长在莲蓬凹穴的基部，即花托上。

图3-7 果实的近上面观
果实顶端的花柱痕呈中空状，花柱痕内有明显的呈裂缝状的花柱道，果实上端还可见无开口的气室顶端（位于外侧面上）和白霜状的蜡被。另外，可见一些白色斑点，它们为外果皮上的气孔器位置（图3-113）。

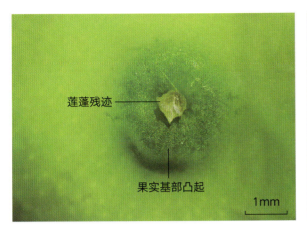

图 3-8 果实基部的放大
果实基部有凸起，其中央有凹穴，但是图中的凹穴处被与果柄相连的莲蓬残迹遮挡，外表上看不到果柄。果实基部的凸起是由花期时子房基部的凸起长成，两者形态相似，果实基部的凹穴和子房基部的凹穴也同理。

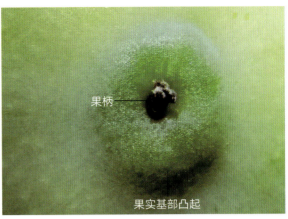

图 3-9 另一个果实基部的放大
果实基部凸起的凹穴内，有 1 个很短的果柄。果实成熟后，果柄变大、变硬，因此摘下果实时要比花期时摘下雌蕊更用力。果柄干枯、脱落后在果皮上留下的痕迹即为果脐（图 3-121）。

（2）近成熟果实的纵切片

对莲的 1 个近成熟果实纵切制片，可观察到果实的果皮较厚，由外果皮、栅栏组织层、厚壁组织层、薄壁组织层和内果皮五部分组成，在薄壁组织层中有通气道和维管束；果实中仅有 1 室，在这个果室内长着一粒种子，种子的种孔端位于果实的上方，合点端位于果实的下方；莲的种子主要由种皮和胚两个部分组成，此外还有少量的残存胚乳，种皮薄，种皮内的胚是由子叶、胚芽、胚轴和胚根组成，胚轴只有上胚轴，胚根已退化（图 3-10 至图 3-19，图 3-109 至图 3-110）。

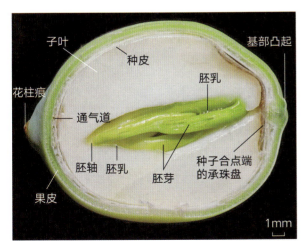

图 3-10 近成熟果实的纵切片
莲的单个果实为坚果，果皮较厚，成熟后坚硬，果皮内有通气道。莲的果皮内可见 1 粒种子的纵剖面，莲的种子由种皮、胚和少量残存的胚乳组成，种子的种皮薄，有通气道，种皮内可见胚的子叶、胚芽和胚轴，由于种子内的胚乳不明显，文献中将莲的种子称为"无胚乳种子"。

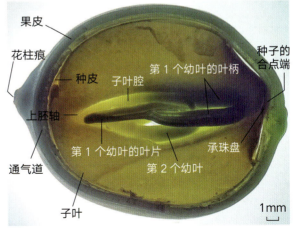

图 3-11 图 3-10 切片的透射光观察
在 2 片子叶内有 1 个纵腔，这里称其为"子叶腔"。在子叶腔中可观察到胚芽有 2 个幼叶，其中第 1 个幼叶较大，其叶柄已在子叶腔的合点端对折并反向生长，而其幼嫩、未展开的叶片顶端已到达上胚轴处。在果皮的内层，可见较细的通气道。

当从果实纵切片的下端将种子一侧推出并最终除去时，能分别观察到种子在果实内的着生位置（即胎座的位置），种子（由花期时的胚珠发育而来）在果实内的着生位置即胎座（图 3-12 至图 3-17）。

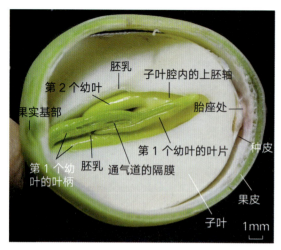

图 3-12　将果实纵切片中的种子从其下端（合点端）一侧推出，示种子在果实内的着生情况
在果实内，种子通过种柄（花期时的珠柄长成，不明显）着生在果室（花期时的子房室）内的胎座上。从胚芽第 1 个幼叶的叶柄纵切面上看，叶柄的通气道中有横隔膜。在子叶腔的内壁和胚芽的第 1 个幼叶的叶柄间还能观察到凝胶状的残存胚乳。

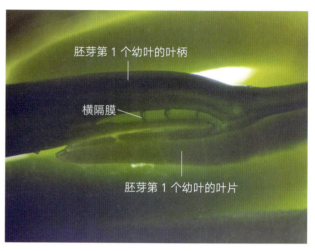

图 3-13　图 3-12 胚芽第 1 个幼叶的叶柄上端的放大
在叶柄上端的通气道内有明显的横隔膜。

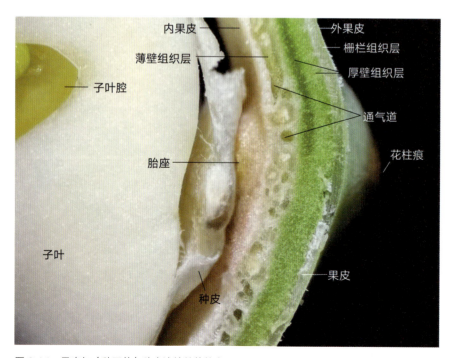

图 3-14　果皮与（种子的）种皮连接处的放大
将果实纵切片内的种子与果皮（由子房壁发育而成）分开后，可见果皮和种皮仅在内果皮上的胎座处相连，胎座处无明显的种柄。莲的果实，果皮较厚，可分为外果皮、栅栏组织层、厚壁组织层、薄壁组织层和内果皮五部分，依据果皮不同层的颜色变化就可大致看出其结构，在内侧白色的薄壁组织层中有明显的通气道以及维管束。

图 3-15　除去种子后，示果皮与种皮的连接处（图 3-14 的另一面）
在果皮上端的外侧面上，可见果皮内的气室以及气室顶端。在果室的上端，种子的种皮与内果皮上端隆起的胎座相连，未见明显的种柄。

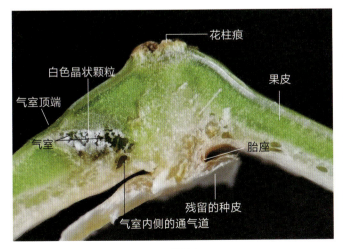

图 3-16　图 3-15 的胎座与气室处的放大
气室顶端无开口，气室顶端内侧的气室不仅形状不规则，而且比果皮内其他部位的通气道大，在气室内有白色晶状颗粒堆积。图中的胎座处为种皮和果皮的相连处，可见种柄不明显，并且和胎座的界限不清。

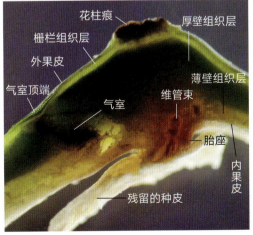

图 3-17　图 3-16 的暗视野观察
气室顶端的外果皮上未见气室开口。胎座内的维管束与种皮内的维管束相连，它们由花期时胎座和珠柄中的维管束发育而来。图中，还可根据果皮的颜色变化将果皮的 5 层结构大致地区分出来。

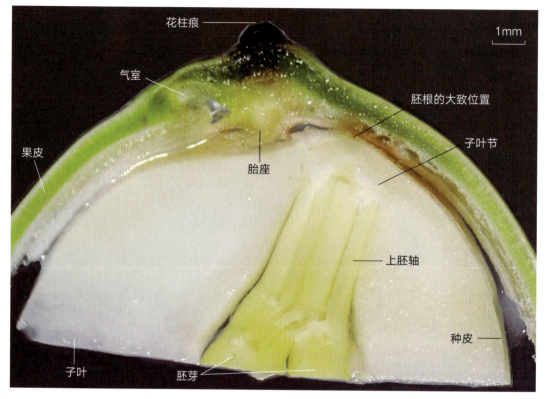

图 3-18　果实上部纵切片的放大，示胚根
2 片子叶在胚轴上的着生处即子叶节处，子叶节范围较宽阔（图中仅标出一点，未标出其所属范围），子叶节上端稍微有些凸起的部分是种子内胚根的大致位置，在胚根和子叶节之间没有分化出下胚轴，由子叶节上端至胚芽产生处的这一段胚轴为上胚轴。

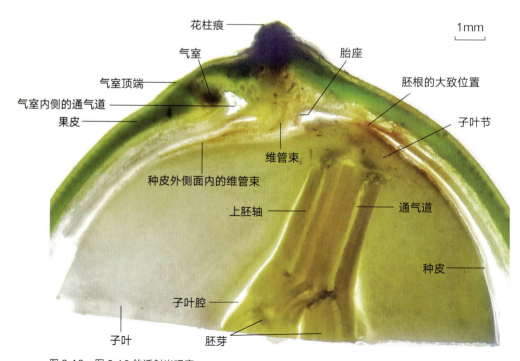

图 3-19　图 3-18 的透射光观察
种皮外侧面（远轴面）内的维管束与胎座内的维管束相连，胎座处的种柄不明显、近无。

3. 近成熟的种子

　　将近成熟的单个果实摘下后，逐步除去其果皮，便可得到莲的种子；莲的未成熟种子主要由种皮和胚组成，在文献中被称为"无胚乳种子"，但种子内还有少量的残存胚乳，它们主要存在于子叶腔的内壁、子叶的合点端和莲心的上胚轴与胚芽的表面等处，呈凝胶状；莲的种皮为膜质，较薄，在靠近胎座处有1个种孔（由花期时的珠孔长成），在种皮的外侧面内有几束维管束分布（由花期时与外珠被合生的珠柄内的维管束发育而来），这些维管束在合点端种皮内消失，在合点端的种皮内还有承珠盘；莲的胚是由子叶、胚芽、胚轴和胚根组成，在2片子叶围成的子叶腔内有上胚轴和胚芽，2片子叶着生在胚轴的子叶节上，子叶节与胚芽间的一段胚轴为上胚轴，子叶节与退化的胚根间无下胚轴分化，胚芽由2个幼叶和1个顶芽组成（图3-20至图3-71）。

（1）近成熟种子的形态

图 3-20　从莲的未成熟果实的基部除去部分果皮，示莲的部分种皮
莲的种子是由倒生胚珠发育而来，其种皮是由胚珠的珠被以及与外珠被合生的珠柄长成，在种皮的朝外的一面（外侧面）可见种皮内有数支维管束，在果实上端的外侧面上有气室顶端。

图 3-21 将图 3-20 果实残余的果皮剥下，示果皮内面胎座的位置

果皮内面的胎座处附着有被撕扯下来的种皮。在与胎座相连的外侧面种皮上，可见呈三叉状的三枝维管束。在种皮的胎座处附近（内侧面上端）有一个色深的圆斑，此为种孔的位置。

图 3-22 分离出的种子（外侧面观）

在种皮的外侧面内有几束维管束，种子的合点端外凸，种皮内有颜色较深、圆盘状的承珠盘。

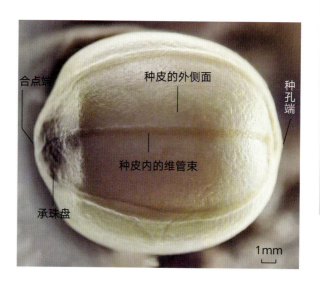

图 3-23 种子的暗视野观察
种皮的表面不光滑。

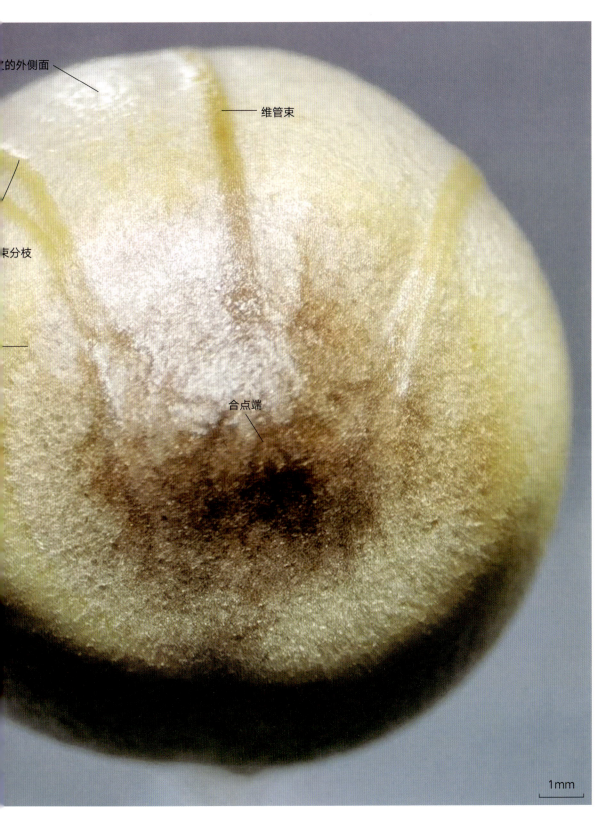

的外侧面

维管束

束分枝

合点端

1mm

图 3-24　种子的合点端观察
合点端的种皮，褐化程度由外至内逐渐加深，隐约可见承珠盘的边缘。在种皮的外侧面内有数枝维管束伸入种皮的合点端，之后便消失。

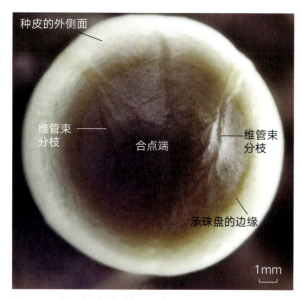

图 3-25　种子合点端的暗视野观察
从种子的合点端观察，可见种子的承珠盘颜色较深，同时能观察到维管束在合点端分枝的大致情况。种子的合点端位于果实的下端（即位于远花柱痕的一端），种子的种孔端位于果实的上端（即近花柱痕的一端）。

图 3-26　种子的种孔（端）
种子的种孔端稍微有些凸起，在种子的外侧面种皮内，与胎座相连的维管束分为三枝，看起来就像是维管束在外侧面种皮内沿着 3 个方向进入种子的合点端。

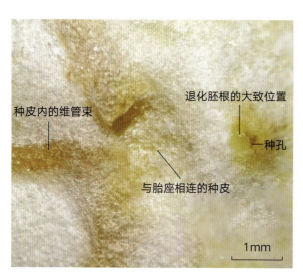

图 3-27　种皮上种孔处的放大
种孔呈圆孔状，种孔内未见胚根形成的明显凸起。

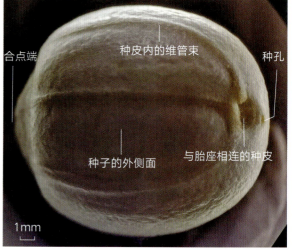

图 3-28　种子的外侧面和种孔的暗视野观察
种孔明显，种皮内的维管束在种皮的外表面上较凸出。图中，与胎座相连的种皮处是摘掉种子后在种皮上留下的着生痕迹，它与种子从果实内自然脱落时所留下的着生痕迹（种脐）可能不完全一样。

（2）近成熟种皮的解剖

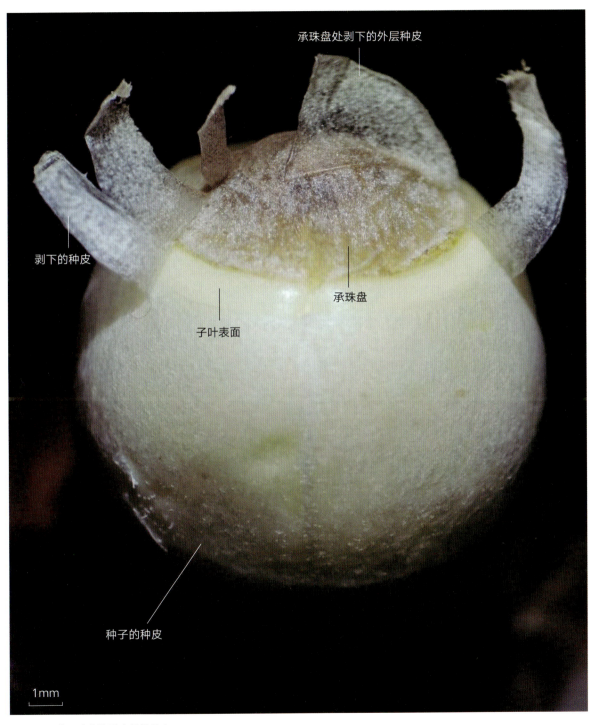

承珠盘处剥下的外层种皮

剥下的种皮

子叶表面

承珠盘

种子的种皮

1mm

图 3-29　从承珠盘处剥离莲的种皮
莲的种皮在合点端处较厚，可分层剥下，并露出种子在合点端处的承珠盘，其他部
位的种皮较薄，为膜质。

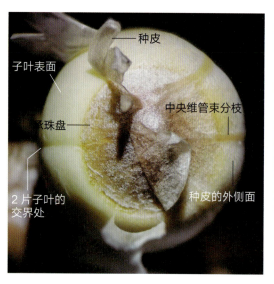

图 3-30　剥掉部分种皮后，种子的下面观（合点端观）

图中左侧，子叶表面有 1 条纵向的凹陷，图中右侧、中央维管束分枝处的种皮下也有 1 条与之对称的纵向凹陷，这 2 条纵向凹陷为 2 片子叶之间的交界处。

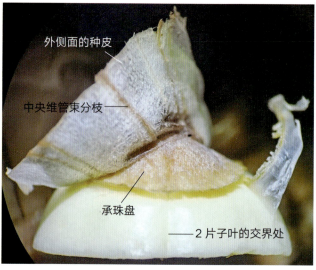

图 3-31　将承珠盘外面的部分种皮从外侧面处撕下

合点端的种皮较厚，外层种皮被撕下后，可见其内侧有一个较厚的、锥罩状结构。从位置上看，它是由花期时胚珠合点端的承珠盘发育而成，这里仍称其为"承珠盘"。在被撕下的种皮内有维管束分布，但承珠盘内无维管束分布。

图 3-32　种子合点端的种皮

将合点端的种皮剥下，其内层是 1 个罩在 2 片子叶顶端的锥罩状结构，即承珠盘，承珠盘的内面龟裂。除去种皮后，在 2 片子叶的表面还可见 2 片子叶在交界处所形成的凹陷。

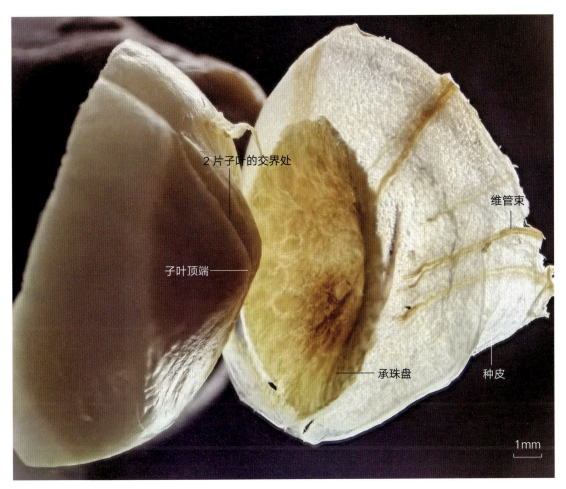

图 3-33　图 3-32 的暗视野观察
在合点端，种皮内的维管束只分布在承珠盘上方的种皮内，未分布到承珠盘内。

图 3-34　除去合点端的种皮后，子叶顶端和承珠盘的内面观
承珠盘的褐化程度由外至内逐渐加深，承珠盘内面隐约可见 2 片子叶交界处所形成的压痕。

图 3-35　承珠盘内面的放大
承珠盘内面较干燥，表面龟裂成小块状，其外围的褐化颜色较浅。

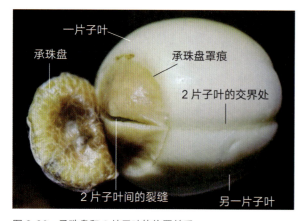

图 3-36 承珠盘和 2 片子叶的位置关系

2 片子叶的顶端较尖，人为挤压将其分开后可见其裂缝与种子侧面的 2 片子叶交界处的凹陷相连。2 片被承珠盘覆盖的子叶顶端如同承珠盘内面一样也已经褐化，王其超和张行言（1989）两位老师认为子叶顶端"内含单宁故为褐色"。

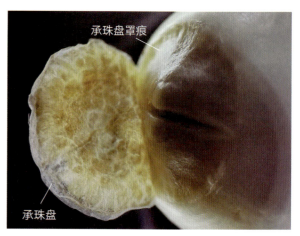

图 3-37 图 3-36 的暗视野放大观察

将 2 片子叶顶端挤压开口后，2 片子叶顶端看起来似人的嘴。在承珠盘内无维管束分布。

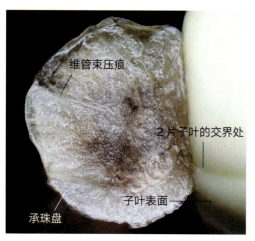

图 3-38 图 3-37 承珠盘的外面观

将承珠盘外面的大部分种皮剥去后，可见承珠盘内、外两面的形态不同。

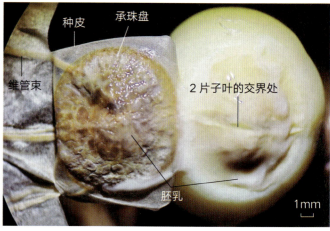

图 3-39 从煮熟种子的合点端剥下的种皮

将种皮从合点端剥下后，可见种皮内面的承珠盘表面除了有龟裂之外，还有凝乳状的胚乳（水煮后形成），在 2 片子叶顶端（合点端）同样有凝乳状的胚乳。

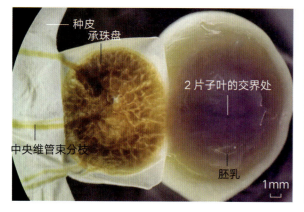

图 3-40 图 3-39 的暗视野观察

种皮外侧面（远轴面）内的维管束进入合点端近中央位置后消失。

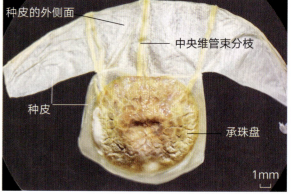

图 3-41 从煮熟种子上剥下的部分种皮

合点端的种皮较厚，内面有承珠盘，种子外侧面（远轴面）的种皮内有维管束分布。

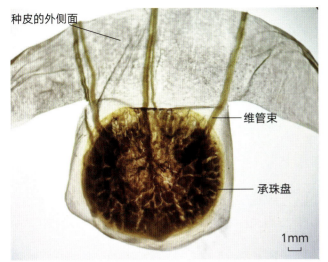

种皮的外侧面

维管束

承珠盘

1mm

图 3-42　图 3-41 的透射光观察
种皮外侧面内的维管束止于合点端种皮内，但承珠盘内无维管束分布。

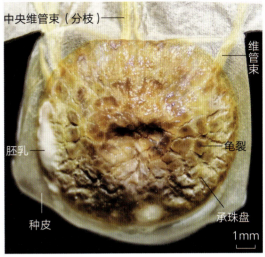

中央维管束（分枝）

维管束

胚乳

龟裂

种皮

承珠盘

1mm

图 3-43　承珠盘内面的放大
承珠盘内面龟裂成小块状。

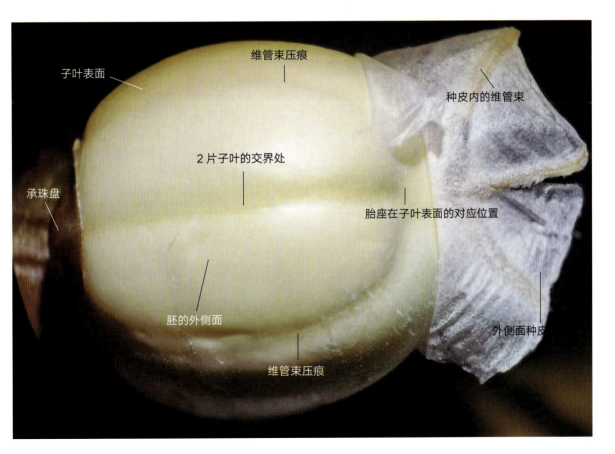

子叶表面

维管束压痕

种皮内的维管束

2 片子叶的交界处

胎座在子叶表面的对应位置

承珠盘

胚的外侧面

维管束压痕

外侧面种皮

图 3-44　将种子的外侧面种皮剥下
除合点端承珠盘处的种皮较厚之外，其他部位的种皮较薄、膜质，在外侧面的种皮内有维管束分布。除去外侧面的种皮后，在子叶表面可见 3 条维管束压痕形成的凹陷，中间的那条压痕位于 2 片子叶间的交界处。

（3）近成熟胚的形态与解剖

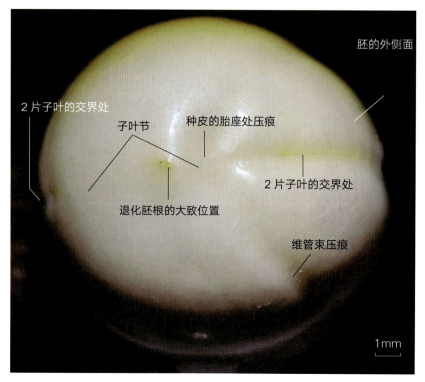

图 3-45　除去种皮后，胚的种孔端（上面观）

除去近成熟种子的种皮后，露出的部分即为胚，也就是胚的 2 片大而肥厚的子叶（子叶腔中的上胚轴和胚芽通过解剖才可见），在胚（也即 2 片子叶）的外侧面上有 3 条维管束压痕（即凹陷），中间的一条维管束压痕也是 2 片子叶的交界处。在 3 条维管束压痕的交界处（即种皮的胎座处压痕，其对应着种皮的胎座处）的附近有胚根（位于胚的内侧面上端），因为莲的胚根不发达，形态上不明显，这里只是大致位置。2 片子叶和胚轴在子叶节处合生在一起，胚根处也位于子叶节上。

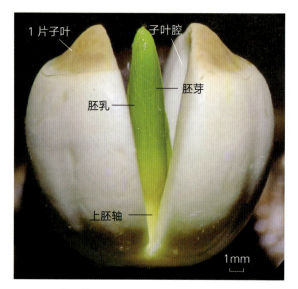

图 3-46　将胚的两片子叶分开，露出子叶腔内的部分胚芽和上胚轴

2 片子叶肥厚，对生，内面有纵向凹陷形成的纵腔，即"子叶腔"。子叶腔内有胚芽和上胚轴，在胚芽和上胚轴的表面及子叶腔的内壁上有凝胶状物质，为残存的胚乳。2 片子叶和胚轴相连处，即为胚轴的子叶节处。

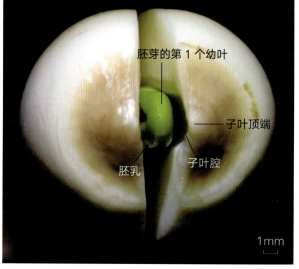

图 3-47　图 3-46 种子的合点端观察

2 片子叶的顶端即为胚（或子叶）的合点端，胚根位于子叶下端的子叶节上。在子叶腔内可见胚芽的第 1 个幼叶的部分叶柄，在叶柄的表面附着有凝胶状的残存胚乳。

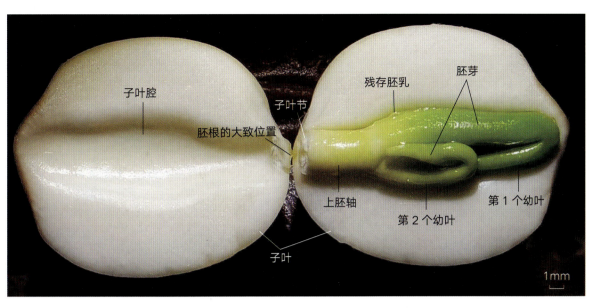

图 3-48　将 2 片子叶展开，示胚的组成

除去种皮后，莲的种子剩余的部分即为胚和少量残存的胚乳。莲的胚是由子叶、胚芽、胚轴和胚根四个部分组成，其中胚轴只有上胚轴，无下胚轴，胚根退化。在 2 片肥厚的子叶内面，有 1 个纵向的凹陷腔，即子叶腔，子叶腔内有胚芽和上胚轴，两者与部分子叶节俗称为"莲心"。胚芽是由 2 个幼叶和 1 个顶芽（以及芽轴）组成，2 片叶着生在胚轴上，其着生处即为子叶节。根据子叶节的位置，可将胚轴分为上胚轴和下胚轴两个部分，前者是指胚轴上由子叶节至第 1 个真叶（即胚芽第 1 个幼叶）着生的节处之间的一段，也就是这 2 个节之间的、较长的节间为上胚轴，后者是指由子叶节到胚根之间的一段（下胚轴的下方为胚根）。图中，莲的胚轴主要由上胚轴组成，下胚轴未明显地分化出来。在胚轴的子叶节下方，微尖的小凸起位置即为胚根的大致位置。胚根已退化，不明显。图中子叶腔内的莲心看起来明晃晃的，是因为莲心表面有凝胶状残存的胚乳包裹。

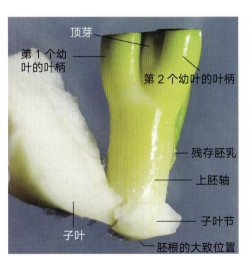

图 3-49　子叶与胚轴连接处的放大

图中，两片子叶与胚轴的连接处即子叶节的位置，子叶节下方微微有些凸起的位置即是未充分发育的胚根的大致位置。在子叶节和胚根之间，理论上还有一段胚轴，即下胚轴，但是在莲的胚中，下胚轴分化不明显，胚根也退化、不明显。

图 3-50　子叶腔和莲心表面的胚乳

在胚的子叶腔内和莲心的上胚轴与胚芽表面，残存的胚乳呈凝胶状，这些未被吸收的残存胚乳在种子成熟过程中会凝结成膜（图 3-133）。

图 3-51 图 3-50 子叶腔和莲心间的凝胶状胚乳被扯开后的放大

图 3-53 从子叶腔中拨出的莲心
上胚轴和胚芽的表面有凝胶状的残存胚乳包裹。

图 3-52 从种子的合点端（即胚芽上端）将莲心从子叶腔内拨起
莲心的上端游离，下端在子叶节处与 1 对子叶相连，2 片子叶为对生。

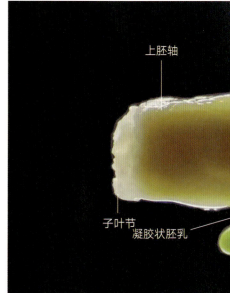

胚芽第 1 个幼叶的叶片

胚芽第 2 个幼叶

胚芽第 1 个幼叶折返后的叶柄

胚芽第 1 个幼叶的叶柄

凝胶状胚乳

1mm

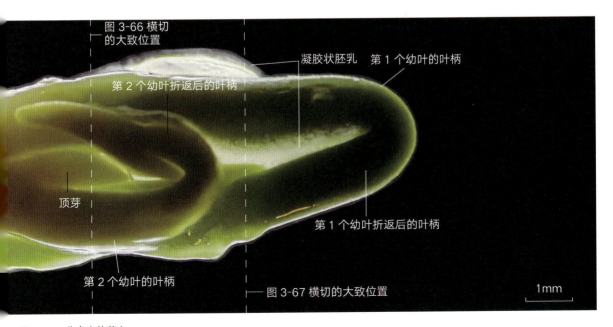

图 3-66 横切的大致位置

凝胶状胚乳　第 1 个幼叶的叶柄

第 2 个幼叶折返后的叶柄

顶芽

第 1 个幼叶折返后的叶柄

第 2 个幼叶的叶柄

图 3-67 横切的大致位置

1mm

图 3-54　分离出的莲心
将分离出的莲心浸入水中，可见莲心表面被凝胶状残存胚乳包裹着。胚芽由芽轴和芽轴上着生的 2 个幼叶和 1 个顶芽组成，由于胚芽很小和芽轴及其节间未充分生长，所以芽轴看起来不明显。图中还标出了图 3-66 和图 3-67（见后述）对胚芽横切的大致位置。

图 3-55　将胚芽的第 2 个幼叶折断并摊开来，示莲心的构成

图中，莲心表面附着的大部分凝胶状胚乳被拨到图中左侧。莲心由胚轴和胚芽两部分组成，前者由上胚轴和子叶节处的胚轴组成，后者由 2 个幼叶、1 个顶芽和 1 个不明显的芽轴组成。或者说，"莲心"是由部分子叶节、上胚轴和胚芽三部分组成。在分离莲心时，如果莲的种子未去皮，莲心可能还含有少许种皮和部分果皮。

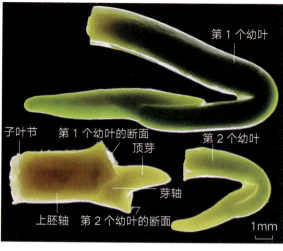

图 3-56　胚芽的离析

在莲的胚芽的芽轴上，由下至上依次着生着由大至小的 2 个幼叶和 1 个顶芽，2 个幼叶（又被称为真叶或先成叶）为互生排列，在 2 个幼叶的叶腋内未见腋芽（侧芽）。

图 3-57　胚芽的顶芽的放大

顶芽外有 1 片将顶芽纵向包裹起来的芽鳞（片），在顶芽的一侧有芽鳞边缘所形成的一条纵线，这里称为"芽鳞线"。

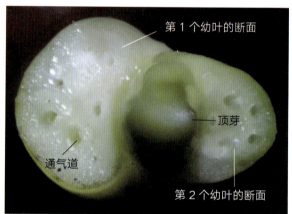

图 3-58　除去胚芽的 2 个幼叶后，胚芽的上面观

在幼叶的断面内有通气道。

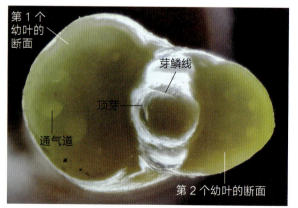

图 3-59　图 3-58 的暗视野观察

在顶芽的一侧有芽鳞卷合后形成的 1 个纵向凹陷，即芽鳞线。

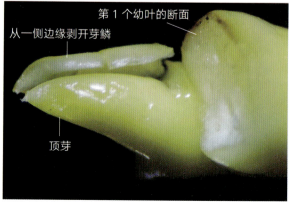

图 3-60　沿着芽鳞线从一侧边缘将卷合的芽鳞剥开

芽鳞仅边缘部分较薄，其余部分较厚，并且有些肉质化。

图 3-61　将顶芽的芽鳞展开，露出芽鳞内的结构
顶芽的芽鳞内有 1 个更小的第 3 个幼叶和 1 个更小的顶芽，这里未对它进行进一步的解剖。根据《中国莲》记载，该顶芽能重复上一级顶芽的结构，即由更小的 1 片芽鳞、第 4 个幼叶的叶原基和 1 个更小的顶芽组成。可见，各级顶芽都具有自相似性。

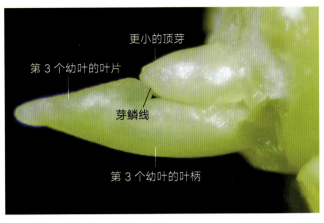

图 3-62　将顶芽的芽鳞除去，示顶芽在芽鳞内的结构
第 3 个幼叶的叶片还很幼嫩，在更小的顶芽的芽鳞（片）内侧也有芽鳞线。

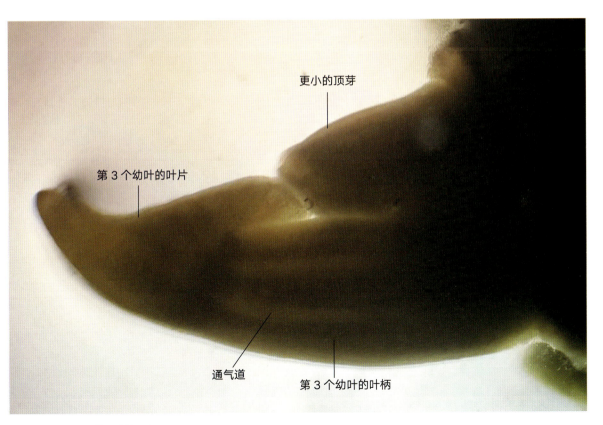

图 3-63　图 3-62 的显微镜观察
第 3 个幼叶的叶柄内有纵向的通气道阴影，但未能显示通气道内是否有横隔膜。

（4）近成熟果实和种子的横切片

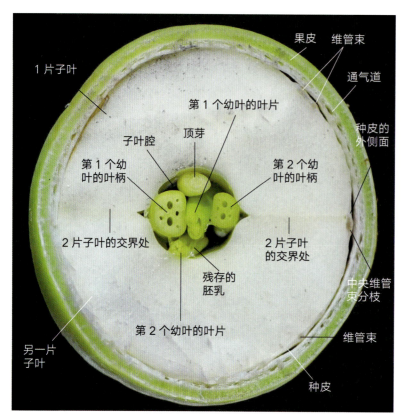

图 3-64 果实的 1 个横切片
在种子的外侧面，可见种皮内有维管束分布。在胚的横切面上，可见 2 片肥厚的子叶内面有纵向凹陷所形成的子叶腔，在子叶腔内有胚芽的 2 个幼叶和 1 个顶芽，共 5 个横切面。

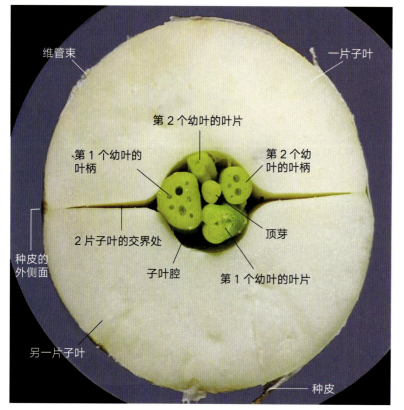

图 3-65 除去果皮后的 1 个种子的横切片
该横切片上的胚芽横切面与图 3-64 有些差异，其顶芽的横切面位于 2 个幼叶的 4 个横切面之间的近中央位置。

图 3-66　子叶腔内胚芽的 2 个幼叶和 1 个顶芽横切面的放大

2 个幼叶的叶片在中肋内面的两侧对称的位置内卷成 2 个柱状结构，叶片内无中肋见图 3-67。胚芽幼叶的叶片在中肋两侧的内卷方式与莲藕（即根状茎）上长出的、未展开幼叶的内卷方式一样，具有自相似性。本图对胚芽横切的大致位置见图 3-54。

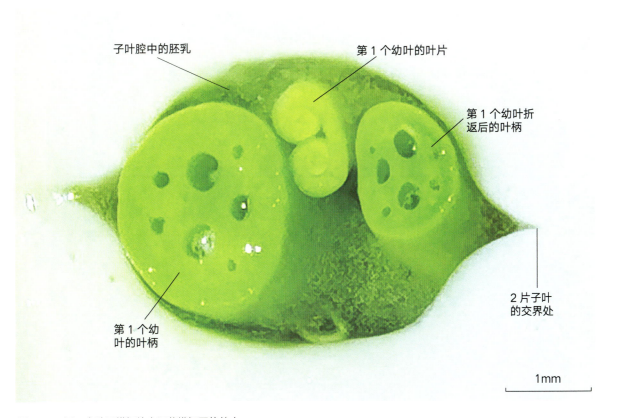

图 3-67　另一个种子横切片中胚芽横切面的放大

在此切面上，胚芽仅有 3 个横切面，在第 1 个幼叶的叶片横切面中无中肋，该叶片同样是在叶片内面的两侧对称的位置内卷成 2 个柱状结构。本图只切到第 1 个幼叶的 2 个叶柄和其未展开叶片共 3 个横切面，是因为胚芽的第 2 个幼叶和顶芽均未生长到此切面的高度，因此未能切到它们。本图对胚芽横切的大致位置见图 3-54。

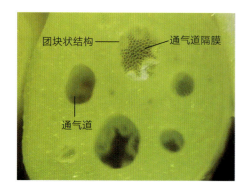

图 3-68　图 3-66 第 2 个幼叶的叶
柄横切面的放大
在第 2 个幼叶的叶柄通气道内可见
一个网泡状的横隔膜，在后述的市
售莲子纵剖面上，也能观察到胚芽
的 2 个幼叶的叶柄内均有通气道隔
膜（图 3-136，图 3-137）。在通气
道的内壁上还附有一些团块状结构。

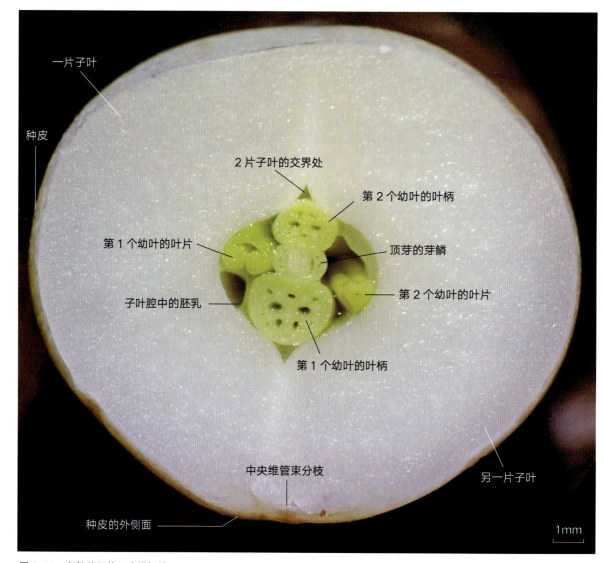

图 3-69　煮熟种子的 1 个横切片
胚芽的 5 个横切面中，顶芽的横切面位于子叶腔的近中央位置，顶芽外层的
芽鳞（横切面）与内层结构之间出现了间隙。最粗的中央维管束分枝在种皮
中的位置靠近 2 片子叶的交界处，似乎没有直接位于 2 片子叶交界处的外方。

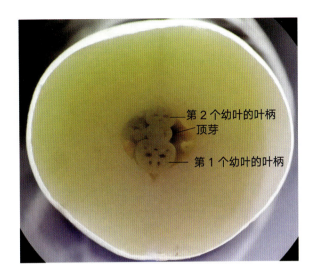

图 3-70 图 3-69 的暗视野观察
胚芽的 2 个幼叶的叶柄和顶芽的横切面看起来似一个孩童的头部和上半身。

图 3-71 图 3-70 子叶腔内胚芽横切面的放大
顶芽的外层为芽鳞的横切面，芽鳞除边缘外，其他部位都较厚，芽鳞内也有通气道。

二、幼嫩的果实和种子

幼嫩果实材料于 2023 年 9 月 23 日采自河南省洛阳市某人工湖。

1. 幼嫩果实的外果皮

和花期相比，尽管果期时莲蓬、莲蓬凹穴的开口和果实都在不断地变大，但幼嫩果实外果皮上的气室顶端仍未在莲蓬凹穴的开口处露出，幼嫩果实的外果皮呈绿色，在外果皮的表面除了散生着一些气孔器之外，还生有较多比气孔器小的乳突（图 3-72 至图 3-77）。

图 3-72　已部分解剖和摘下部分果实的莲蓬

莲蓬内幼嫩果实的大小不一，有些果实在发育过程中种子逐渐败育，因而其果实相对较小。莲蓬凹穴的开口在果实成熟过程中逐渐变大，但此时幼嫩果实上端、外侧面上的气室顶端仍未在莲蓬凹穴的开口处露出。

图 3-73　幼嫩果实的上面观
在花柱痕旁的果实外侧面上有气室顶端，但未见其有开口。

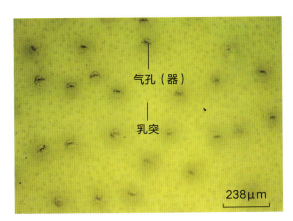

图 3-74　果实的外果皮（外面观）
幼嫩果实的外表皮经过显微镜放大后，除了能观察到气孔器之外，还能观察到外表皮上有乳突。图中标尺的数值为 238 μm。

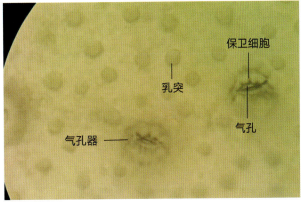

图 3-75　图 3-74 外果皮的部分放大
在外果皮表面除了生有一些散生的气孔器（气孔器的中央有气孔，气孔的周围有 2 个保卫细胞）之外，还散生着较多比气孔器小的乳突。

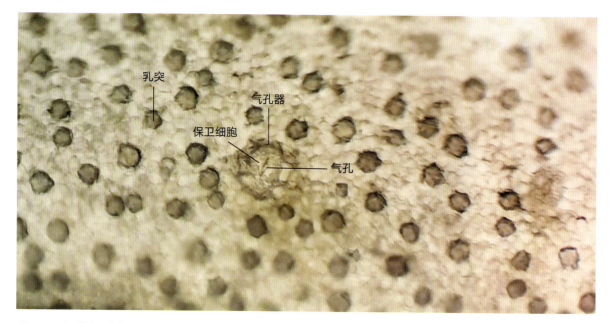

图 3-76　部分外果皮的不同角度观察

在显微镜下可观察到外果皮上的乳突和气孔器，气孔器在外果皮表面的 2 个保卫细胞和其间的气孔均能被观察到。

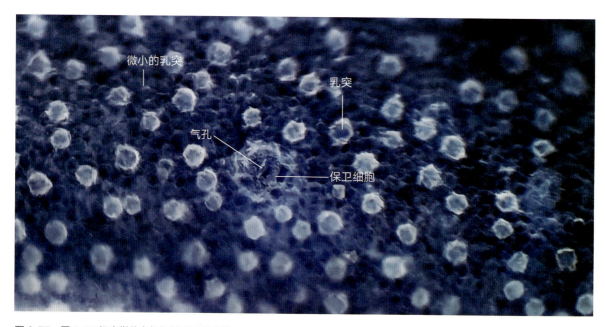

图 3-77　图 3-76 经光学信息解析处理后的照片

经过光学信息解析处理后，幼嫩果实的外果皮表面具有了三维立体感，照片看起来似电镜照片。幼嫩果实的外果皮表面不光滑，表面除了有微小的乳突外，还有较大的乳突，后者的形状与气室内的白色晶状颗粒有点相似。

2. 幼嫩果实的气室解剖

气室顶端内侧的子房壁中有较大的、呈白色的通气道，即气室。该气室及气室壁主要位于厚壁组织层中，气室内有白色晶状颗粒形成和大量堆积（或堆满），气室壁的细胞形状及其排列方式也与周围细胞不同；在果实的果皮内和花期的子房壁内，气室是一个非封闭的腔室结构，气室内侧在薄壁组织层中与腔隙较大的、非白色、无晶状颗粒（大量）堆积的通气道相通（图 3-16，图 3-78 至图 3-99）。

图 3-78　通过气室的果实上端的横切面
气室内有白色晶状颗粒堆积。

图 3-79　气室内白色晶状颗粒的放大

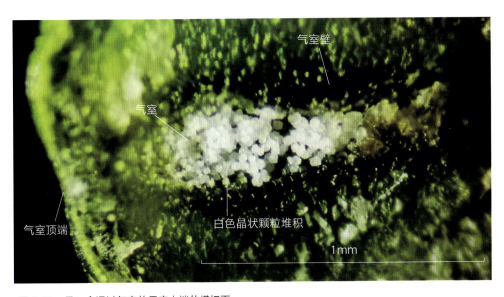

图 3-80　另一个通过气室的果实上端的横切面
气室内有白色晶状颗粒堆积，气室壁的颜色较深，看起来有黏液。

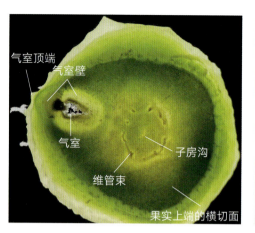

图 3-81 1 个通过气室的果实上端的横切片
气室周围的壁围成了 1 个瓶状结构。

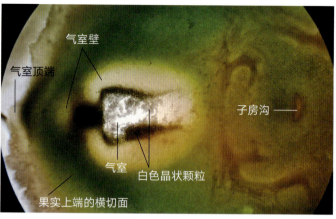

图 3-82 另一个果实上端横切片的部分放大
气室周围的壁围成 1 个瓶状结构，气室内堆积着一些白色晶状颗粒，这些晶状颗粒在透射光下观察时颜色较暗或呈阴影状。

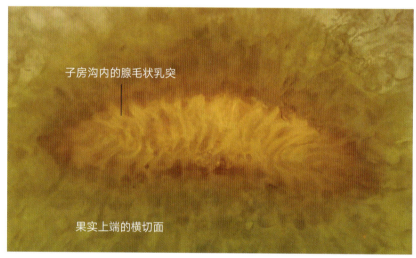

图 3-83 图 3-82 子房沟的放大
子房沟内有腺毛状乳突。

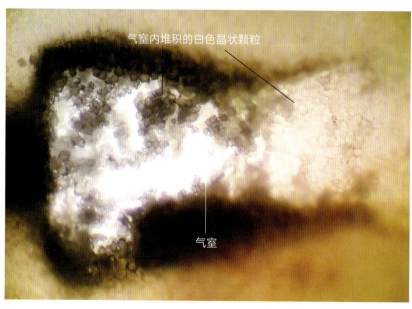

图 3-84 图 3-82 气室内的放大
气室内堆积的白色晶状颗粒呈粘连的晶体颗粒状，在透射光下非白色，其颜色与堆积的厚薄及透光性有关。

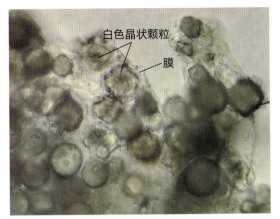

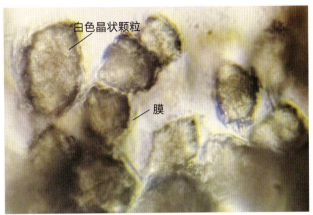

图 3-85　经过 84 消毒液整体透明处理后，示气室内的白色晶状颗粒（显微镜观察）
白色晶状颗粒既像由单晶组成的簇晶，又像有细胞腔的石细胞，在晶状颗粒外有膜（或者还有黏液）包裹，使其能够相互粘连、堆积在一起。

图 3-86　另一个切片气室内白色晶状颗粒的放大（显微镜观察）
这些白色晶状颗粒并非都是近球状，还有其他形状，而且这些晶状颗粒遇醋酸后不溶解，非碳酸钙晶体。

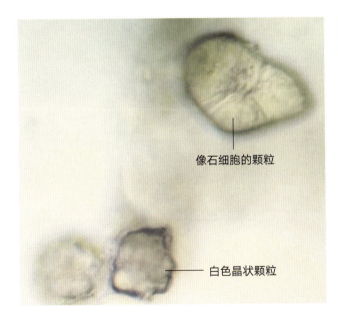

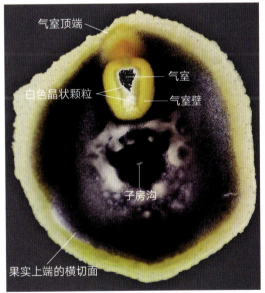

图 3-87　3 个白色晶状颗粒的放大
经过整体透明处理后，在对白色晶状颗粒观察时，发现了 1 个看起来像石细胞的颗粒。

图 3-88　经 84 消毒液整体透明及染色处理的 1 个果实上端（过气室）的横切片
经过碘液染色后，气室周围的细胞因细胞内有淀粉粒所以被染成蓝黑色，但气室壁及气室内的白色晶状颗粒未被染上色，整个气室的气室壁看起来似一个瓶状结构。在整体透明处理和制片过程中，气室内的白色晶状颗粒会因处理和制片而部分散失，这会造成气室形成较大、较规则的空腔，类似气室内侧的通气道。

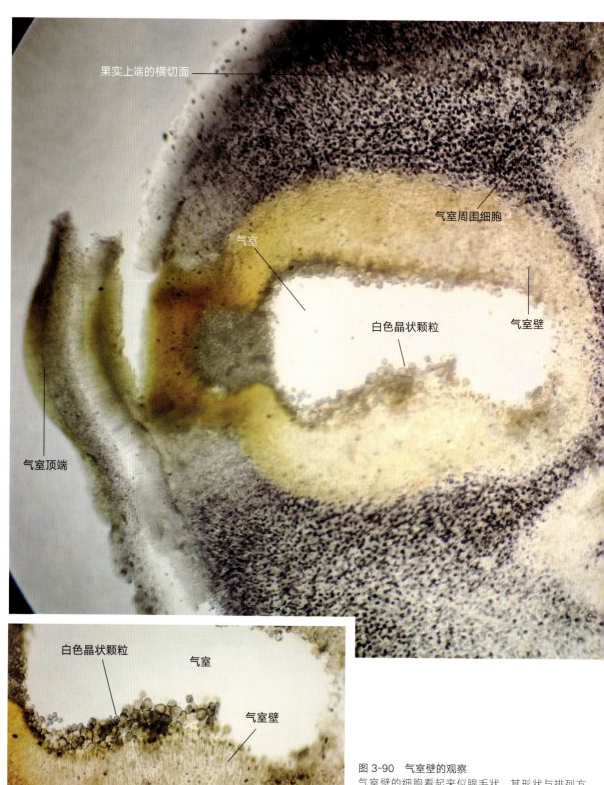

果实上端的横切面

气室周围细胞

气室

白色晶状颗粒

气室壁

气室顶端

白色晶状颗粒

气室

气室壁

图 3-90　气室壁的观察

气室壁的细胞看起来似腺毛状，其形状与排列方式同周围被碘液染上色的细胞不同，由于气室壁的最内层有白色晶状颗粒的形成和堆积，这表明气室壁与气室内白色晶状颗粒的形成与堆积有关，即整个气室（包括气室壁）就是一种内分泌结构。

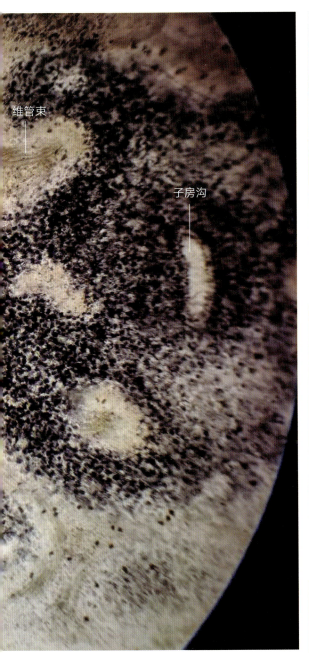

维管束

子房沟

图 3-89　另一个经整体透明和染色处理的果实上端（过气室）横切片的部分放大
图中，气室壁周围的细胞被碘液染上颜色，气室内堆积的大部分白色晶状颗粒在整体透明处理和制片过程中已脱落。

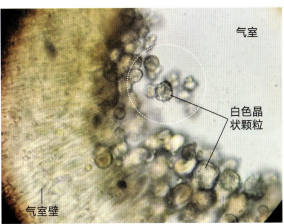

气室

白色晶状颗粒

气室壁

图 3-91　部分气室壁和气室内白色晶状颗粒的放大
气室壁是由致密的腺毛状结构构成，其细胞形状及其排列方式与周围细胞不同，图中虚线框内的白色晶状颗粒的放大见下图。

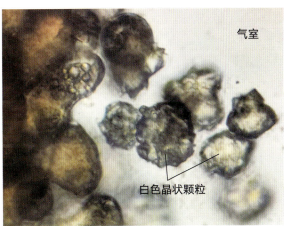

气室

白色晶状颗粒

图 3-92　图 3-91 白色虚线框内白色晶状颗粒的放大
照片经过了堆叠处理，可见白色晶状颗粒为簇晶，而非单晶。

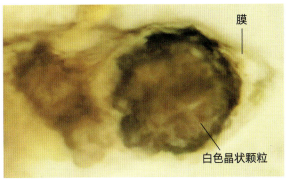

膜

白色晶状颗粒

图 3-93　白色晶状颗粒的放大
白色晶状颗粒外有膜或者还有黏液包被。

膜

白色晶状颗粒

图 3-94　图 3-93 经过光学信息解析
处理后的照片
白色晶状颗粒外有膜或者还有黏液包被。

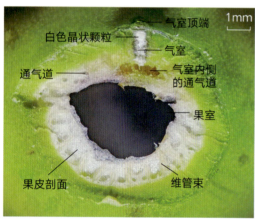

气室顶端
白色晶状颗粒
气室
气室内侧
的通气道
果室
通气道
果皮剖面
维管束

图 3-95　果实上端及气室的解剖
在充满白色晶状颗粒的气室的内侧下方，有 1 个与气室
相连的、较大的通气道，该通气道与其外侧的气室在投
影面上相互垂直。和气室一样，气室内侧的通气道也不
是一个封闭的管腔，它与果皮内的通气道相连。在气室
周围，幼嫩果实的果皮内不仅有通气道（位于果皮的薄
壁组织层），而且在通气道周围还有维管束分布。

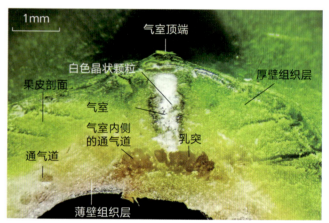

气室顶端
白色晶状颗粒
果皮剖面
气室
气室内侧
的通气道
厚壁组织层
乳突
薄壁组织层
通气道

图 3-96　图 3-95 气室处的放大
气室主要位于果皮的厚壁组织层中，其中充满或堆积有白色晶状
颗粒。气室内侧的通气道位于果皮的薄壁组织层中，其腔隙大，
内壁的表面有乳突，这些乳突似气室内的晶状颗粒，但因数量少，
未呈堆积状。

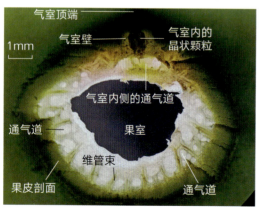

气室顶端
气室壁
气室内的
晶状颗粒
气室内侧的通气道
果室
通气道
维管束
果皮剖面
通气道

图 3-97　图 3-96 的暗视野观察
气室内能产生和堆积白色晶状颗粒，其组织结构与其周
围的组织结构差异较大，而气室内侧的通气道则与其他
部位的通气道无本质区别。

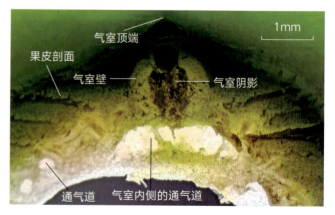

气室顶端
果皮剖面
气室壁
气室阴影
通气道
气室内侧的通气道

图 3-98　图 3-97 气室处的放大
气室内由白色晶状颗粒堆积所形成的阴影有点似人像。

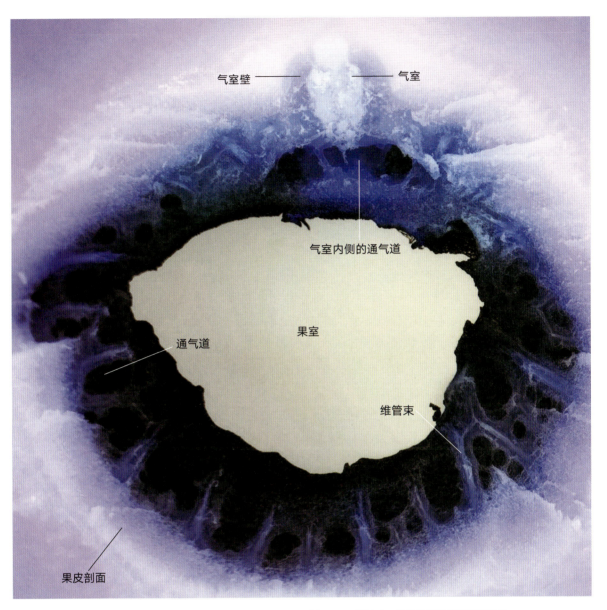

气室壁 —————   气室

气室内侧的通气道

果室

通气道

维管束

果皮剖面

图 3-99   图 3-97 的光学信息解析处理照片
气室与气室内侧通气道的结构不同。气室内侧的通气道位于果
皮的薄壁组织层中，其结构与分布在薄壁组织层中的通气道无
本质区别，但在切片中气室内侧的通气道常常显得腔隙更大些
（图 3-100）。

3. 幼嫩果实的纵剖片

幼嫩果实的果皮较厚，果皮的 5 层结构基本可辨，气室主要分布在厚壁组织层，气室内侧的通气道和其他部位的通气道以及维管束分布在靠近厚壁组织层的薄壁组织层中，果实基部的果柄很短，果皮内的维管束通过果实基部与果柄内的维管束与莲蓬凹穴基部的维管束相连，在果室中幼嫩的种子尚未充满果室，果室的基部有小凸起（由花期时子房室内的小凸起长成）；幼嫩的种子，其种皮较厚，在果实的上端与胎座相连，种子无明显的种柄，在种子的合点端，种皮内的承珠盘和被承珠盘覆盖的子叶顶端均褐化（图 3-100 至图 3-105）。

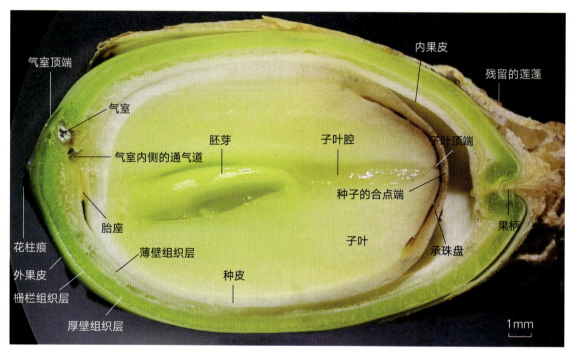

图 3-100　幼嫩果实的纵切
气室主要位于果皮的厚壁组织层中，而气室内侧的通气道则位于薄壁组织层中。在
种子的合点端，种皮内的承珠盘和被承珠盘覆盖的 2 片子叶的上端均褐化。

图 3-101　图 3-100 果实基部的放大
在果实基部凹穴内有由子房柄发育而来的果柄，果柄很短，未露出果实基部凹穴外。果实（或果皮）内的维管束通过果柄内的维管束与莲蓬凹穴基部的维管束相连。

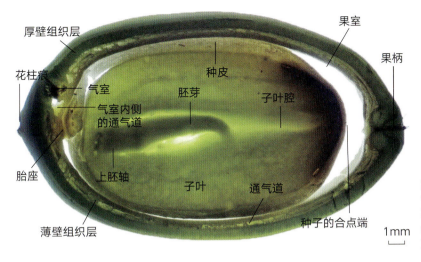

厚壁组织层

花柱痕

气室

气室内侧的通气道

胎座

上胚轴

薄壁组织层

种皮

胚芽

子叶

果室

果柄

子叶腔

种子的合点端

通气道

1mm

图 3-102　果实的 1 个纵切片
气室和气室内侧通气道分布在果皮的
不同组织中，幼嫩种子的种皮较厚，
幼嫩种子通过胎座处的种皮生长在果
室内。胎座处无明显的种柄。

图 3-103　果实基部的
放大
果柄内的维管束已木质
化并变硬，果皮基部的
维管束通过果柄内的维
管束与莲蓬（凹穴基部）
的维管束相连。果室基
部的小凸起在观察过程
中因脱水而从一侧耷拉
下来。

小凸起

薄壁组织层

维管束

栅栏组织层

果柄

厚壁组织层

果实基部凹穴

1mm

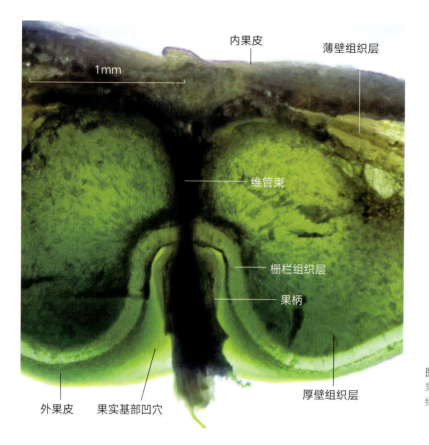

内果皮
薄壁组织层
1mm
维管束
栅栏组织层
果柄
外果皮
果实基部凹穴
厚壁组织层

图 3-104　图 3-103 的透射光观察
果实基部凹穴中的果柄和果皮的 5 层
结构比较清晰。

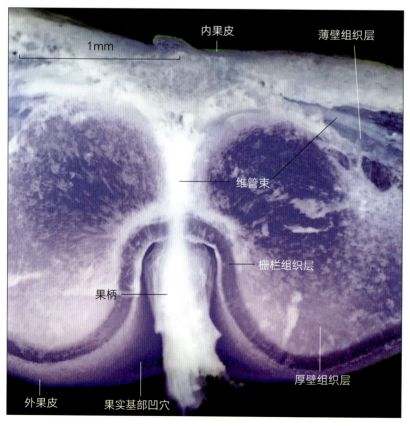

内果皮
薄壁组织层
1mm
维管束
栅栏组织层
果柄
外果皮
果实基部凹穴
厚壁组织层

图 3-105　图 3-104 的光学信息解
析处理照片
照片经过光学信息解析处理后，可以
一目了然清晰地观察果实基部凹穴内
的果柄结构。

4. 幼嫩种子的种孔与胚根

　　将幼嫩果实上端的果皮剖去后，在幼嫩种子上端的胎座附近（内侧面上）能观察到种孔，种孔内有 1 个小凸起，即是莲胚的胚根，胚根很小，在以后的发育过程中会逐渐消失，只留下 1 个小的隆起，在前述的近成熟的莲种子和后述的成熟的莲种子中均无此小凸起状的胚根（图 3-106 至图 3-110，另见图 3-45 和图 3-130）。

图 3-106　将 1 个幼嫩果实的部分果皮剖去，示幼嫩种子的种孔
在种皮上端的内侧面上有 1 个较小的圆孔，即种孔（由花期时的珠孔长成），种孔内有一个乳突状的小凸起，即为胚根。图中，胎座和种孔周围的部分外层种皮已被撕去。

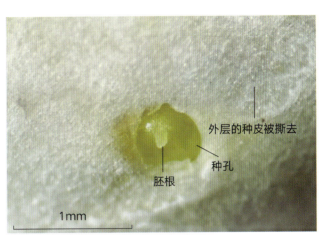

图 3-107　图 3-106 种孔及种孔内胚根的放大
种孔较小，珠孔内有 1 个小乳突，即为胚根。

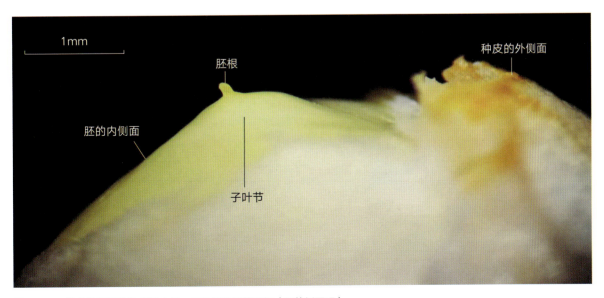

图 3-108　将珠孔周围的种皮除去后，示幼嫩种子的胚根（胚的侧面观）
将种孔周围的种皮剥去，可见胚根呈乳突状。胚根位于 2 片子叶和胚轴合生的子叶节上，由于胚根与子叶节之间的下胚轴分化不明显，故通常认为莲的胚无下胚轴（下胚轴不发育）。

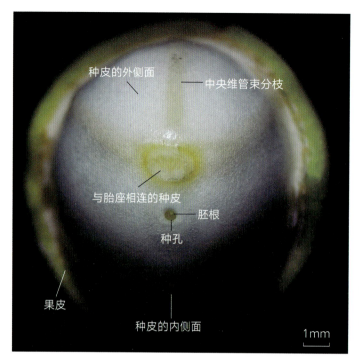

种皮的外侧面

中央维管束分枝

与胎座相连的种皮

胚根

种孔

果皮

种皮的内侧面

1mm

图 3-109 另一个幼嫩果实的解剖，示种子的种孔和胚根
由胎座进入种子的维管束在种皮的外侧面中分为 3 枝，种孔位于种皮的内侧面上，在种孔内有乳突状的胚根，但很小。

图 3-110 图 3-109 的种孔和胎座处的放大
种孔较小，在种孔中有更细小的乳突状胚根，胚根没有生长在种孔的中央，而是生长在种孔中偏向胎座的一侧。

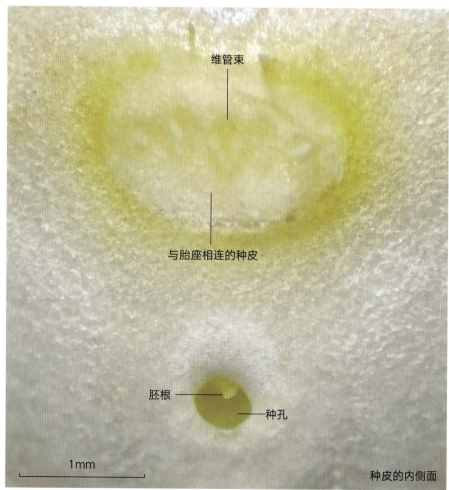

维管束

与胎座相连的种皮

胚根

种孔

1mm

种皮的内侧面

三、成熟的果实和种子

已从莲蓬凹穴中摘下的成熟果实于 2023 年 9 月 29 日网购自湖南省。

1. 成熟果实的形态

果实顶端干枯的柱头及部分花柱常会脱落并留下花柱痕，但是有些成熟果实，干枯的柱头及花柱并不脱落；在莲的成熟果实上端的外侧面上，有气室顶端，但未见气室有开口；外果皮的表面有一层白色的蜡被（或蜡层），将其部分擦去后，可见外果皮表面有一些散生的小白点，为覆盖白色蜡被的气孔器，此外还有一些白色的小乳突；成熟果实的果柄（由花期时的子房柄长成）或者保留在子房基部的凹穴中，或者已经脱落（图 3-111 至图 3-116）。

图 3-111　成熟果实的侧面观
果实的外果皮表面覆盖一层白色的蜡被（或称"蜡层"），将部分蜡被擦去后可见外果皮表面有一些散生的白色小圆点，为气孔器。果实顶端，干枯的柱头及部分花柱脱落后留下花柱痕。

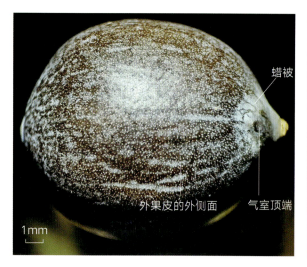

图 3-112　成熟果实的外侧面观
在果实上端的外侧面上有气室顶端，但未见其有开口。

图 3-113　果实顶端干枯未脱落的柱头和果实上部外侧面上的气室顶端
果实顶端的柱头及花柱虽然早已干枯，但直到果实成熟也未脱落，这与有些莲的果实不同（图 3-7 和图 3-111）。气室顶端在花期和果期时均未见其有开口出现，所以本书未称之为"气室开口"。外果皮表面有白色的蜡被覆盖，擦去部分白色蜡被后，气孔器处呈白色小圆点状。

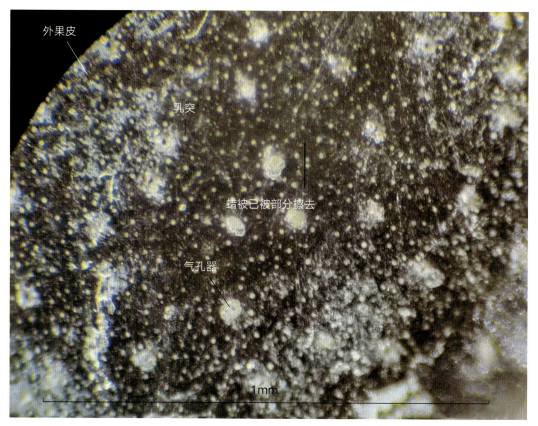

图 3-114　成熟果实的外果皮（表面观）
外果皮表面有白色的蜡被覆盖，气孔器处也被白色蜡被覆盖，图中一些部位的外果皮表面的蜡被已被部分擦去。

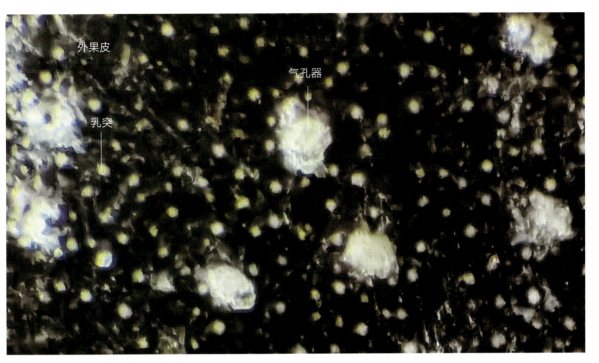

图 3-115　图 3-114 外果皮表面的部分放大
气孔器外被白色蜡被覆盖，外果皮表面的乳突也有白色蜡被渗入，呈白色。

图 3-116　成熟果实的果柄着生情况
有些成熟果实，果柄仍然保留在果实基部的凹穴中（左图），但是有些果实的果柄则已脱落（右图）。果实成熟后，果柄要比花期时的子房柄粗大、长、坚硬，但其仍未显著露出果实基部的凹穴之外，果实成熟后果柄对莲蓬凹穴内的成熟果实的固着能力已远超子房柄。果柄存在或脱落后，果皮的解剖见图 3-121 和图 3-122。

2. 成熟果皮的解剖

　　成熟果实的果皮坚硬，由外果皮、栅栏组织层、厚壁组织层、薄壁组织层和内果皮五个部分组成，形态上分为多层，在果皮上部的纵剖面上可以看到花柱道和子房沟，气室内的大部分空间被一种透明并凝结成固态的物质占据，气室内堆积的白色晶状颗粒也被这种透明的固态物质黏结在气室中（图 3-117 至图 3-124）。

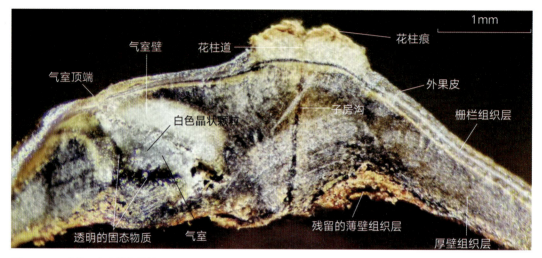

图 3-117　成熟果皮上端的纵剖
在成熟果皮上端，能看到果皮内的子房沟，花柱内隐约可见花柱道。气室顶端无开口，果皮内的气室被一种透明并凝结成固态的物质占据着大部分空间，气室内堆积的白色晶状颗粒也被这些透明的固态物质黏结在其中。

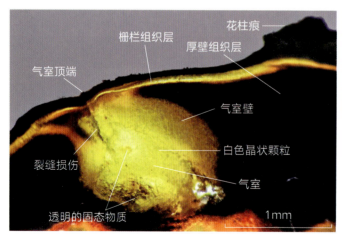

图 3-118　图 3-117 气室切片的不同照明光观察
气室内透明的固态物质占据了气室的大部分空间，绝大部分白色晶状颗粒也被黏结在里面。制片时，切片在气室顶端和气室内产生了一个裂缝损伤。

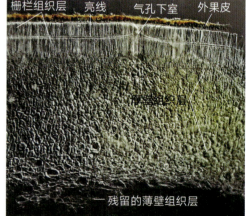

图 3-119　莲壳切片的显微镜观察
经整体透明处理后，在显微镜下可见莲壳由外果皮、栅栏组织层、厚壁组织层和残留的薄壁组织层四部分组成，外果皮和薄壁组织层浸水后变厚，栅栏组织层有亮线，栅栏组织层中有与气孔相通的气孔下室分布，厚壁组织层的细胞壁厚，由石细胞构成，其体积由外至内逐渐增大。

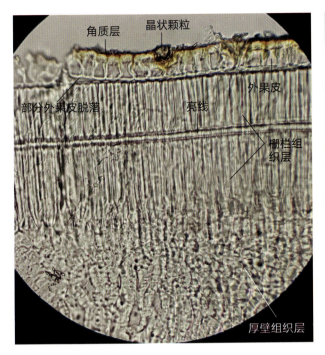

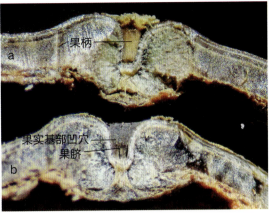

图 3-121　成熟果实基部的果柄着生处的解剖

图中，a 是摘下后仍然具有果柄的成熟果实，此时的果柄似楔入果实基部凹穴中的 1 个楔子，它已木质化变硬。b 是已无果柄的成熟果实，果柄脱落后，在果实基部留下的瘢痕为果脐。

图 3-120　莲壳切片的放大观察

放大后可见莲壳的外果皮较厚，由 1 层厚壁细胞（石细胞）构成，其外壁特别厚，在外果皮的乳突中可见晶状颗粒（原色为白色），外果皮的细胞外还有角质层（蜡被不明显，在处理前大部分已蹭掉）。图中左上方，部分外果皮经整体透明处理后已从栅栏组织层上脱落。栅栏组织稍层被亮线分隔为上下两层，放大后栅栏组织层与厚壁组织层的界限稍有模糊。莲壳坚硬与其外果皮、栅栏组织层和厚壁组织层均由细胞壁增厚的机械组织构成有关，这也是地层中埋藏百年甚至达到千年的古莲子仍能存活并长成植株的重要原因。

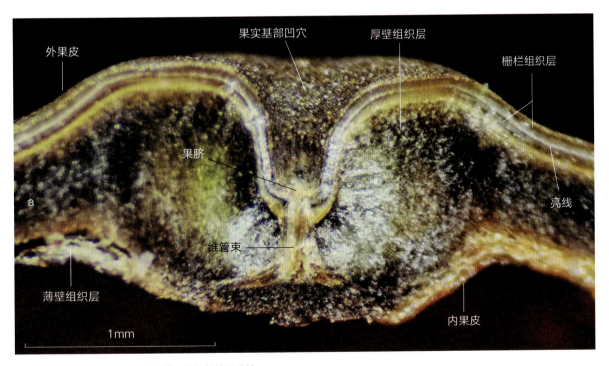

图 3-122　图 3-121 a 在果柄脱落后的解剖结果照片

在对图 3-121a 的切片削平时，果柄受触碰后脱落，果柄脱落后在子房基部留下的着生痕迹就是果脐。果皮由五部分组成，分为多层。

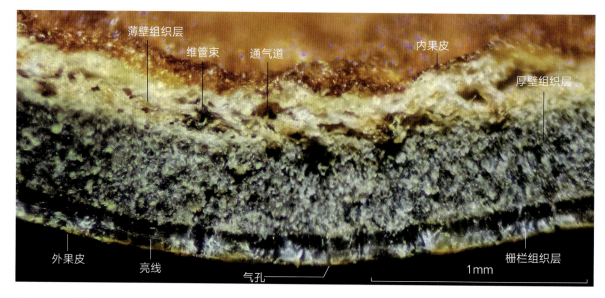

图 3-123　成熟果皮的结构（断面未修整）

成熟果皮折断后，可见其由外果皮、栅栏组织层、厚壁组织层、薄壁组织层、内果皮五部分组成，在栅栏组织层内有 1 条亮线，在薄壁组织层中有维管束和通气道。在解剖镜下将成熟莲子的外果皮刮掉后，可见其栅栏组织近乎透明。

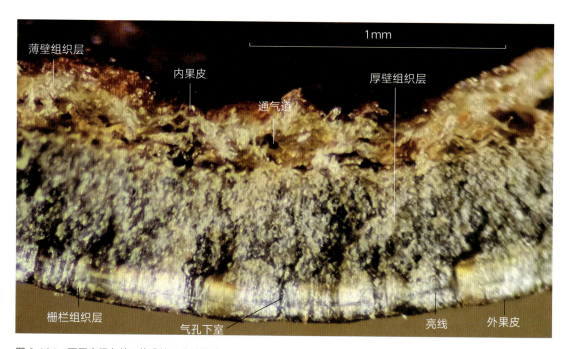

图 3-124　不同光照条件下的成熟果皮结构（断面未修整）

在气孔下方的栅栏组织层中有深可至厚壁组织层的空腔，为气孔下室（气孔下室又被称为"气室"），王其超和张行言两位老师（1989）称其为"漏斗形气室"，在《中国莲》专著中称为"气孔道"。

3. 成熟果实去壳后莲子的 3 层皮

　　将成熟果实的坚硬外壳除去，脱壳后的莲子（这里为种子）有 3 层皮：一、外层果皮，是莲子最外面的 1 层皮，不完整（即莲子的有些部位有，有些部位无），这层皮来自于薄壁组织层的内层，但该层中的维管束在莲子脱壳时会随莲壳一同脱去，在外层果皮的表面留下维管束着生痕；二、中层果皮，也不完整，来自于莲的成熟果实的内果皮；三、内层种皮，是种子的胚外面的完整种皮，仅在种子的种孔端留有 1 个小孔（即种孔），它是由胚珠的珠被和与外珠被合生的珠柄共同发育而成(图 3-125 至图 3-132)。

图 3-125　与种皮粘连的外层果皮
左图：除去成熟果实的部分莲壳，示与种子的种皮粘连的外层果皮来自于成熟果皮的薄壁组织层内层。右图：与莲子外层果皮相连的薄壁组织层的放大。莲壳由外果皮、栅栏组织层、厚壁组织层、薄壁组织层和内果皮五部分组成，但后 2 层不完整，都是部分存在于莲壳中。

图 3-126　莲子外层果皮上的维管束着生痕迹
在莲子的外层果皮上有维管束从外层果皮中拉出、随莲壳一同脱去而留下的痕迹，这里称为"维管束拉出痕"。

外层果皮

外层果皮

内层种皮

中层果皮

受损的子叶

1mm

图 3-127　去壳后的莲子，示莲子的 3 层皮
去壳后的莲子，2 片子叶外面有 3 层皮，即 2 层果皮和 1 层种皮，3 层皮的颜色不同。

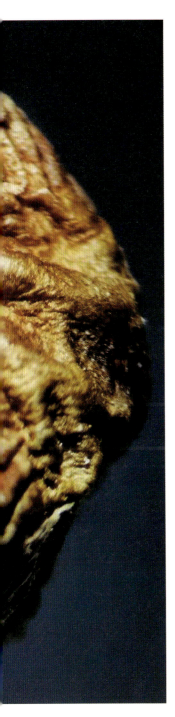

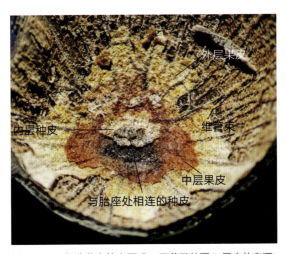

图 3-128　部分莲壳的内面观，示莲子外面 3 层皮的来源

莲的成熟果实脱壳时，部分内层果皮（薄壁组织层和内果皮）与种皮粘连在一起脱离莲壳（即果皮）。从脱下的莲壳内面看，莲壳内从内向外依次残留着 3 层皮：一、莲子最内层的 1 层皮（内层种皮），来自于种子的种皮，图中仅胎座处的小块种皮随莲壳一同脱去；二、莲子中间的 1 层皮（中层果皮），其颜色红，来自于莲的成熟果皮的内果皮；三、莲子最外层的 1 层皮（外层果皮），来自于莲的成熟果皮的薄壁组织层的内层，该层中的维管束随莲壳一同脱去（在莲子的外层果皮上留下维管束拉出痕）。

图 3-129　去壳莲子的种孔端观察

种子从胎座处脱离后，在种皮上留下的痕迹即种脐（即种皮上的胎座处），在种脐旁边的内侧面种皮上还有种孔，种孔内的胚根退化、不明显。

图 3-130　图 3-129 莲子种孔处的放大

种孔内的胚根不明显。

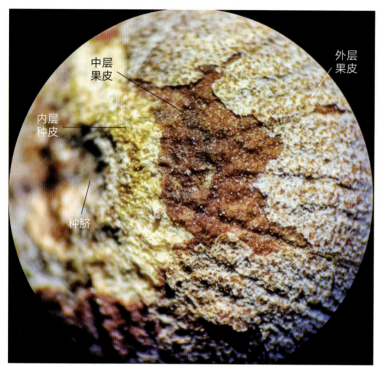

图 3-131 另一个去壳莲子的观察
去壳后的莲子，种孔不明显，部分果皮与莲子外面的种皮粘附在一起，即胚的 2 片子叶外有 3 层皮，也就是有 2 层果皮和 1 层种皮。

图 3-132 图 3-131 的部分放大
由于中层果皮的颜色红，所以中层果皮外面可见一些稀疏、散生的白色晶状颗粒。

4. 成熟莲子内残存的胚乳

通常认为，莲的成熟种子由种皮和胚两部分组成，属于无胚乳种子，但将莲的成熟种子剖开后，在子叶腔中可见莲心外有干膜质的残存胚乳将其包裹起来，可见莲的成熟种子是由种皮、胚和少量残存的胚乳组成（图 3-133）。

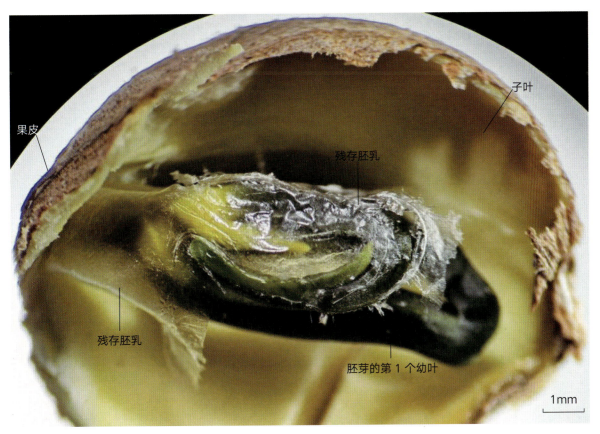

果皮

子叶

残存胚乳

残存胚乳

胚芽的第 1 个幼叶

1mm

图 3-133　莲的成熟果实的纵剖
在剖开的果实内，可见种子的子叶腔中有 1 层干膜质、半透明的残存胚乳将莲心包裹起来。

四、市售莲子的形态与解剖

市售的莲子主要由 2 片子叶构成，莲子的果皮和种皮以及莲心一般都被除去（图 3-134 至图 3-137）。市售的莲子材料购自河南省洛阳市某超市，与之对比的莲的成熟果实于 2023 年 9 月 29 日网购自湖南省。

图 3-134 3 种莲子

图中，莲子表面残留的果皮和种皮以"残留的皮"称之。a 为已去壳的莲子（未去壳的成熟莲子网购自湖南），其种子的 2 片子叶外有 3 层皮，即有 2 层果皮和 1 层种皮。b 为未除去莲心的莲子（即残缺的种子，购自超市），其 2 片子叶顶端（合点端）的承珠盘已被打磨掉，露出子叶腔中的部分莲心（即胚芽第 1 个幼叶的部分叶柄），2 片子叶外面的果皮和种皮几乎都被打磨掉。c 为除去莲心后的莲子（同 b 一同购自超市），子叶腔中的莲心被打洞除去，莲子的 2 片子叶外面的果皮和种皮几乎都被打磨除去，整个莲子主要由 2 片残缺的子叶组成。

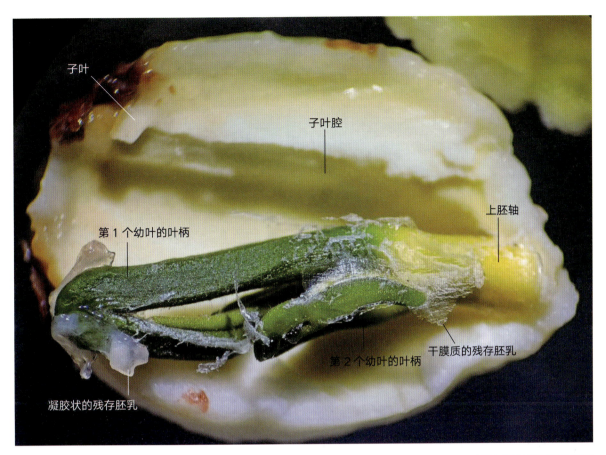

图 3-135　未除去莲心的市售莲子的解剖

将市售有莲心的莲子浸泡一会后剖开，可见莲心表面有干膜质的残存胚乳，但在图中左侧下方、胚芽第 1 个幼叶的叶柄弯折处，残存的干膜质胚乳遇水后膨胀成较厚的白色凝胶状。

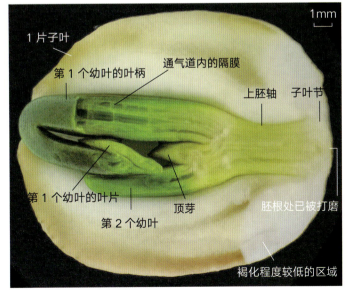

图 3-136　1 个未除去莲心的市售莲子的纵剖

市售的莲子一般都除去了莲心并打磨掉了绝大部分果皮和种皮，但也有少数的莲子只打磨掉了绝大部分果皮和种皮却未除去莲心，将这样的莲子浸泡后纵剖，可见子叶腔中的胚芽主要由两片幼叶和一个顶芽组成，在幼叶叶柄的通气道内有隔膜。图中，上胚轴两侧的子叶切面颜色较白（褐化程度较低的区域），是由于对纵剖后的莲子切面进行修割时，新、旧切面的褐化程度不同而导致。

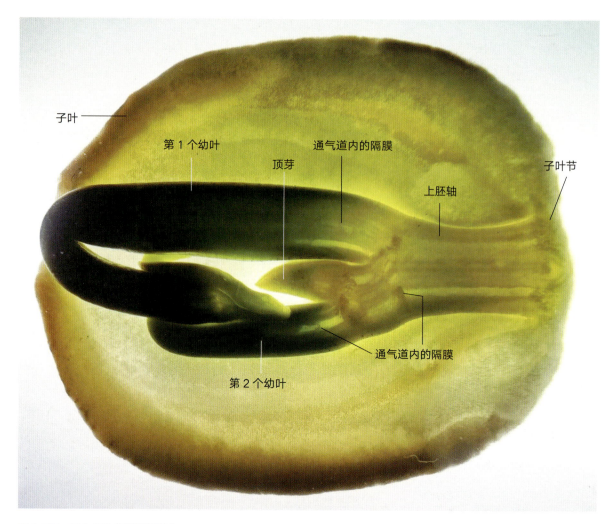

子叶

第 1 个幼叶

顶芽

通气道内的隔膜

子叶节

上胚轴

通气道内的隔膜

第 2 个幼叶

图 3-137　图 3-136 的暗视野观察

市售的莲子在去壳和打磨掉绝大部分果皮和种皮时，胚根处也被打磨掉了一部分。在上胚轴的顶端，上胚轴与胚芽相接处以及胚芽的 2 个幼叶叶柄的通气道内都有横隔膜。

陈维培，张四美，严素珍，1982．莲的心皮发育 [J]．植物学报，24（2）：186-189.

丁跃生，姚东瑞，2022．观赏荷花新品种选育 [M]．南京：江苏凤凰科学技术出版社.

海德玛莉·哈布里特等著，姚轶锋等译，2021．图解花粉术语 [M]．武汉：湖北科学技术出版社.

贺学礼，2010．植物学 [M]．2版．北京：高等教育出版社.

胡适宜，2005．被子植物生殖生物学 [M]．北京：高等教育出版社.

洪亚平，2007．光镜下新鲜植物花粉的简易制片、观察和摄像方法 [J]．生物学通报，42（1）：56-57.

洪亚平，侯小改，2007．低成本制作光学显微镜（正立、倒置）／解剖镜的实时观察与记录系统 [J]．生物学通报，42（4）：51.

洪亚平，朱喜荣，胡亚琼，2008．在解剖镜下利用胶块观察植物花形态的方法 [J]．安徽农业科学，36（22）：9482-9483，9539.

洪亚平，张亚冰，吴国锋，等，2009．一种新的非酶法分离荸幼胚的方法 [J]．安徽农业科学，37（23）：10852-10853.

洪亚平，李友军，仝克勤，等，2010．一种新整体透明技术的研究 [J]．安徽农业科学，38（8）：4035-4038.

洪亚平，张亚冰，2010．一种新的非酶法分离毛白杨珠心的方法 [J]．林业科学，46（10）：183-185，图版 I.

洪亚平，2010．一种不使用切片机的石蜡制片及其数码照片的光学信息解析 [J]．安徽农业科学，38（32）：17996-17998.

洪亚平，2010．植物花形态观察新方法 [M]．郑州：河南科技出版社.

洪亚平，李友军，仝克勤，等．整体透明方法：ZL200910308396.5[P]．2012-11-14.

洪亚平，张亚冰．一种分离毛白杨胚珠及珠心的方法：ZL201010300490.9[P]．2012−01−25．

洪亚平．一种观察植物花形态的方法：ZL201210331998.4[P]．2015−02−18．

洪亚平，张有福，陈春艳．一种解剖镜用样品固定装置及解剖镜：ZL201711056894.6[P]．2021−01−01．

洪亚平，2017．花的精细解剖和结构观察新方法及应用[M]．北京：中国林业出版社．

洪亚平，2021．镜待花开　奇妙的植物微观世界[M]．北京：中国农业出版社．

路安民，汤彦承，2020．原始被子植物：起源与演化[M]．北京：科学出版社．

马炜梁，2018．中国植物精细解剖[M]．北京：高等教育出版社．

马炜梁，2022．植物学[M]．3版．北京：高等教育出版社．

王其超，张行言，1989．中国荷花品种图志[M]．北京：中国建筑工业出版社．

王其超，张行言，2005．中国荷花品种图志[M]．北京：中国林业出版社．

颜素珠，1983．中国水生高等植物图说[M]．北京：科学出版社．

张行言，陈龙清，王其超，2011．中国荷花新品种图志 I [M]．北京：中国林业出版社．

张义君，2004．荷花[M]．北京：中国林业出版社．

中国科学院武汉植物研究所，1987．中国莲[M]．北京：科学出版社．

中国科学院植物研究所，1983．中国高等植物科属检索表[M]．北京：科学出版社．

中国科学院中国植物志编辑委员会，1979．中国植物志[M]．27卷．北京：科学出版社．